乡村振兴战略之人才振兴
职业技能培训系列教材

U0349388

电工
实用技术

丁惠媛　宋玉霞　孟宪军 ◎ 主编

DIANGONG

培训技能人才

推动乡村振兴

助力农民增收致富

中国农业科学技术出版社

图书在版编目（CIP）数据

电工实用技术／丁惠媛，宋玉霞，孟宪军主编 . —北京：中国农业
科学技术出版社，2019. 6

ISBN 978-7-5116-4180-9

Ⅰ.①电…　Ⅱ.①丁…②宋…③孟…　Ⅲ.①电工技术　Ⅳ.①TM

中国版本图书馆 CIP 数据核字（2019）第 088210 号

责任编辑　崔改泵
责任校对　马广洋

出　版　者　中国农业科学技术出版社
　　　　　　　北京市中关村南大街 12 号　邮编：100081
电　　　话　（010）82109194（编辑室）　（010）82109702（发行部）
　　　　　　　（010）82109709（读者服务部）
传　　　真　（010）82106650
网　　　址　http://www.castp.cn
经　销　者　各地新华书店
印　刷　者　北京建宏印刷有限公司
开　　　本　880mm×1 230mm　1/32
印　　　张　3. 75
字　　　数　100 千字
版　　　次　2019 年 6 月第 1 版　2020 年 8 月第 2 次印刷
定　　　价　20. 00 元

《电工实用技术》

编委会

前　言

　　电工属于专业技术工种，从业人员属于专业技术人员，国家现在很重视技术工人。当前，我国已初步形成一支规模日益壮大、结构日益优化、素质逐步提高的高技能人才队伍。电工必须有相应的操作技能，如基本布线技能、基本线路的安装与调试、基本电器的安装与维修，还要掌握一些电气设备的安装调试与维修等操作技能。

　　本书以基础与实用知识为主，主要讲述了电工基础知识、常用电器和电子元器件、常用工具和仪表的功能与使用、电工识图、电线连接操作技能、电线连接质量通病及绝缘层恢复操作技能、变压器运行与维护操作、电力电缆运行检查与维护、电动机运行检查与维护操作等方面的内容。

　　本书内容丰富、讲解详细、插图清晰、资料实用，语言通俗易懂，可以很好地引导实践、指导操作。

　　由于编者水平所限，加之时间仓促，书中不当与错误之处在所难免，恳切希望广大读者和同行不吝指正。

编者

目　　录

第一章　电工基础知识

第一节　电路基础

一、电　路

电流流经的路径称为电路。电路是由电源、负载、中间环节组成的。

（1）在电力电路中，电源是产生电能的设备，其作用是将其他形式的能量转变为电能，如发电机、蓄电池、干电池等。

（2）负载是各种用电设备的总称，其作用是将电能转变为其他形式的能量，如电动机将电能转变成机械能，日光灯将电能转变成光能。

（3）中间环节是电路中除电源和负载之外其他部分的总称，其作用是在电路中传输、分配、控制电能，如连接导线、开关、控制电器等。

二、电路模型

为了对电路进行分析和计算，通常将实际电路器件近似化和理想化，把在一定条件下，忽略其次要电磁因素，仅考虑其主要电磁特性的理想电路元件称为电路元件。例如电阻器主要是消耗电能的，故可以用一个代表消耗电能的理想电阻元件来代替。

用国家标准规定的电路元件图形符号代替实际电路器件所绘制的电路称为电路模型，又叫原理电路图，简称电路图。图 1-1（a）所示为手电筒的实物电路图，图 1-1（b）所示为手电筒原理电路图。

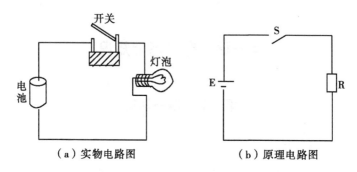

（a）实物电路图　　　　（b）原理电路图

图1-1　手电筒电路图

图1-1（b）中，E表示电源，S表示开关，R是代表灯泡的电阻元件。各元件之间用导线连接。本书如无特殊说明，电路均指电路模型，电路元件均指理想电路元件。

第二节　欧姆定律

如图1-2所示，电路中开关有3个位置，当开关在这3个不同位置时，试分析电源和电阻上的电压、电流会如何变化？

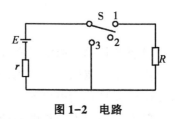

图1-2　电路

当导体两端有电压时，导体中才会有电流产生，而且导体的电阻对电流还有阻碍作用。那么导体中的电流跟导体两端的电压和导体的电阻有什么关系呢？德国物理学家欧姆在1827年最先用实验的方法发现了电流跟电压、电阻的关系，叫作欧姆定律。欧姆定律为我们提供了分析负载电阻上电流、电压和电阻关系的理论依据。

第三节　电功率与电能

一、电功率

单位时间内电源力或电场力所做的功称为电功率，简称功率，用 P 表示。若在 dt 时间内，电源力或电场力所做的功为 dw，则：

$$P = \frac{dw}{dt} \qquad (1-1)$$

式中，w、t 单位分别为 J、s 时，功率的单位为瓦特（简称瓦），符号为 W。常用的单位还有 kW（千瓦）、mW（毫瓦）等。其单位换算关系为

$1kW = 10^3 W$

$1mW = 10^{-3} W$

式 1-1 可写成：

$$P = \frac{d\omega}{dq} \times \frac{dq}{dt} = U \cdot I \qquad (1-2)$$

在直流电路中，功率用 P 表示：

$$P = U \cdot I \qquad (1-3)$$

电路中，对外只有两个端钮的一段电路称为二端网络，图形符号如图 1-3 所示。一个二端网络，若端口电压、电流方向相同，则该网络接受功率为负载；若端口电压、电流方向相反，则该网络发出功率为电源。

如图 1-3（a）所示，选择二端网络的端口电压、电流为关联参考方向时，按式 $P = U \cdot I$ 计算。如图 1-3（b）所示，选择二端网络的端口电压、电流为非关联参考方向时，按式 $P = -U \cdot I$ 计算。若 $P>0$，表明网络接受功率；若 $P<0$，表明网络发

出功率。

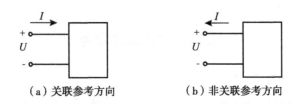

（a）关联参考方向　　　　（b）非关联参考方向

图1-3　二端网络图形符号及电压、电流参考方向

在此顺便指出，电路泛指的"负载"有时是指用电设备，有时是指功率。

二、电能

在一段时间内电源力或电场力所做的功称为电能，用 W 表示（注意电能的文字符号与功率的单位文字符号相同，但为斜体）。在直流电路中，一个二端网络所接受或发出的功率为 P，则在 t 时间内该二端网络所接受或发出的电能为

$$W=P \cdot t=U \cdot I \cdot t \tag{1-4}$$

式 I 中，当 U、I、t 的单位分别为 V、A、s 时，W 的单位为 J。实用中常用 kW·h（千瓦·时）作为电能的单位。

1kW·h=1 000W×3 600s=3.6×10^6J。

1kW·h 习惯称为 1 度电。

由能量守恒定律可知，一个电路中所有电源发出的功率，必然等于所有负载接受的功率，或者说，整个电路功率的代数和为零（$\sum P=0$），这一结论称为电路的功率平衡。

第四节　认识生活中的电与磁

在我们生活中，因为有了电与磁才给人们的生活、生产带来了极大的便利。各种家用电器才能为我们照明，帮我们洗衣、做饭、打扫卫生、保存食品，给我们送来信息。动物也会用磁

来帮它们指方向，如果我们生活中缺少了电与磁那又会怎么样呢？可想而知整个世界会显得非常黑暗与恐怖，在大海上飘流的孤船，又是谁来为你指引方向。如果吞下了一只针，那最好的治疗方法又是什么呢？电与磁不单单仅影响到物理学，更重要的是，电与磁使人类进入了一个新的电器化时代，但电与磁的飞速发展，能源危机成了最头痛的一件事。

有关电的记载可追溯到公元前 6 世纪，希腊哲学家泰勒斯已记载了用木块摩擦过的琥珀能够吸引碎草等轻小的物体。后来又有人发现许多摩擦过的物体也具有吸引轻小物体的能力，一个小小的发现，就有无数的学者在苦心探索。但那时还不知道电的本质，认为电是荷在物体上的，所以称物体有了电荷。电荷中又分正电荷与负电荷。异种电荷相互吸引，同种电荷相互排斥。法国科学家库仑，用实验研究了电荷间相互作用的大小与什么有关，1755 年得出了著名的库仑定律，电荷的移动也称作电流，电流可以是正电荷或负电荷的规则变化运动，也可以正负电荷同时作有规则的运动形成，传统规定，正电荷移动的方向即为电流的方向，所以在金属导电体电路中，移动的是负电荷电子，电流的方向与负电荷定的运动方向相反。

某些物质具有吸引铁、钴类物质的特性，称作磁性。具有磁性的物体称为磁体。我国古代发现的某些天然矿物也具有磁性，称作磁石，把磁石放在铁棒附近，会使得原来没有磁的铁棒变得也有磁性，这也称作磁化。有时我们可以用其他方法，使原来没有磁性的物体变得有磁性。人造磁体就是用磁化的方法制成的。天然磁体及磁化后的磁石能长期保留磁性的磁体也叫永磁体。有些被磁化成的物体，撤消磁化因素后，磁性也随着消失了。当然，"永久"磁体也是相对的，但永磁体时间长了也会逐渐消失磁性，有的永磁体也可用去磁方法使其消失磁性。

在第二次世界大战时期，美军用大量石墨炸弹，轰炸目标，但其目的却不是破坏这个城市，而是用石墨的导电性使高压电的正接线柱与负接线柱直接相接，导致全城电力中断。这样一来，高科技技术就用不起来了。如雷达、航空导弹等高科技防空技术立即中断了，这如同电路中的短路现象，在最早记载关于磁性与磁石的书《答子》中已有"上有磁石者下有铜金"的描述。

在我国古代后魏的《水经注》等书中就提到了秦始皇为了防备刺客行刺，曾用磁石建筑阿房宫的北阀门，以阻止身带刀剑的刺客入内。在磁现象早期应用方面，最光辉的成就是指南针的发明与应用，这也是我国对人类所做出的巨大贡献。在我国战国时期就发现了磁体的指南针，最早指南的磁石是一种勺状的，叫司南，它的灵敏度虽很低，但却给人以启示：有一种地磁在，磁可以指南。到了北宋时期，制成新的指向仪器指南鱼，在曾公亮的《武经总要》中详细记载了制造过程，此后不久，指南针与方位结合起来成了罗盘，为航海事业提供了可靠的指向仪器。

后来，我国的指南针传入欧洲各国，到了16世纪，更加精确的航海罗盘，为航海事业的发展，也为研究地磁三要素创造了条件。在当今社会电与磁也被人们广泛运用，如在发射天线台上，演员发出的声音不断地被麦克风所接收，通过发射机中的电子信号传导到天线台上，发射天线通过电磁波的发射，使收音机通过接收的信号，再通过收音机中的扬声器，通过电流使声音扬出。

第二章　常用电器和电子元器件

第一节　开关与主令电器

一、低压刀开关

低压开关的种类很多，现介绍几种常用的低压开关。

(一) 刀开关

刀开关是一种结构较为简单的手动电器，主要由闸刀（动触头）和刀座（静触头）及底板等组成，在不频繁操作的低压电路中，可用它接通或切断小容量的负载电路。容量大的刀开关一般都装在配电盘的背面，通过连杆手柄操作。刀开关的种类很多，按刀片的数量可以分为单极、双极和三极。三极刀开关的结构及电气符号如图 2-1 所示。

刀开关一般与熔断器串联使用，以便在短路或过负荷时熔断器熔断而自动切断电路。用刀开关切断电流时，由于电路中电感和空气电离的作用，刀片与刀座在分离时会产生电弧，特别是当切断较大电流时，电弧持续不易熄灭。因此，为安全起见，不允许用无隔弧、灭弧装置的刀开关切断大电流。

在继电-接触器控制系统中，刀开关一般作为隔离电源用，而用接触器接通和断开负载。选用刀开关时应根据电源及负载的情况确定其额定电压和额定电流。在手动控制电路中，电动机的容量不得超过 7.5kW，而且刀开关的额定电流必须大于电动机额定电流的 3 倍。在自动控制电路中，刀开关主要用作不带负载的情况下切断和接通电源，因此刀开关的额定电流只需

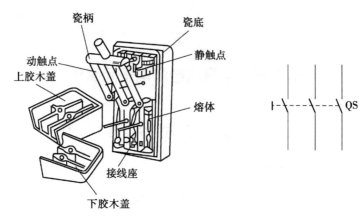

图 2-1 刀开关的结构及电气符号

等于或稍大于电动机的额定电流。

（二）组合开关

组合开关又叫转换开关，是手动控制电器，它是一种凸轮式的做旋转运动的刀开关。主要用于接通或切断电路、换接电源，或用于 5.5kW 以下电动机的直接启动、停止、反转、调速等场合。按极数不同，组合开关有单极、双极、三极和多极结构。组合开关由数层分别装在胶木盒内的动、静触片组成。组合开关的结构简单、体积小、操作可靠。不同规格型号的组合开关，各对触片的通断时间不一定相同，可以同时通断，也可以顺序通断。图 2-2 为组合开关结构及启停电动机的接线图。

二、按钮

控制按钮在低压控制电路中用于手动发出控制信号，接通或断开电流较小的控制电路，以控制电流较大的电动机或其他电气设备的运行。

按钮一般都由操作头（按钮帽）、触点、复位弹簧外壳及支持连接部件组成。操作头的结构形式有按钮式、旋钮式和钥匙

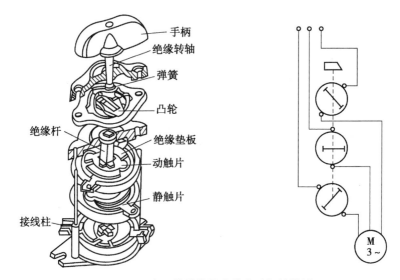

手柄
绝缘转轴
弹簧
凸轮
绝缘杆
绝缘垫板
动触片
静触片
接线柱

M
3～

图 2-2 组合开关结构及启停电动机的接线

式等。按钮开关的外形、工作原理、图形及文字符号如图 2-3 所示。

根据触点结构不同，按钮分为复合按钮、动合按钮和动断按钮 3 种，复合按钮有一对动合触点和一对动断触点，这是使用最多的一种。若只有一对动合触点，则称为动合按钮；若只有一对动断触点，则称为动断按钮。当外力按下操作头（按钮帽）时，动断触点断开，动合触点闭合，取消外力，按钮在弹簧的作用下复位。

常见的一种双联（复合）按钮由两个按钮组成，一个用于电动机启动，一个用于电动机停止。按钮触点的接触面积都很小，额定电流一般不超过 25A，如按钮 LA25，额定电流为 5A、10A 两个等级。

有的按钮装有信号灯，以显示电路的工作状态。按钮帽用透明塑料制成，兼作指示灯罩。为了标明各个按钮的作用，避

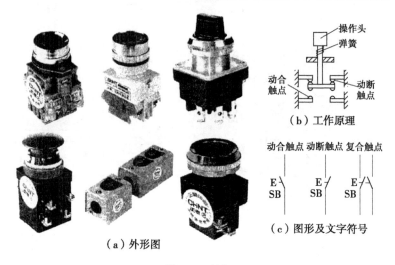

（b）工作原理

（a）外形图

（c）图形及文字符号

图 2-3　按钮

免误操作，通常将按钮帽做成不同的颜色，以示区别，其颜色有红、绿、黑、黄、白等。一般以绿色按钮表示启动，红色按钮表示停止。

三、行程开关

行程开关又称限位开关，它的作用是将机械位移转变为触点动作信号，以控制机械设备的运动。行程开关的工作原理与按钮相同，不同之处在于行程开关是利用机械运动部分的碰撞而使触点动作；按钮则是通过人力使其动作。

行程开关的种类很多，但基本结构相同，主要由 3 部分组成：触点部分、操作部分和反力系统等。图 2-4 是旋转式行程开关的外形及电气符号。

当运动机械的挡铁撞到行程开关的滚轮上时，传动杠杆连同转轴一起转动，使凸轮推动撞块，当撞块被压到一定位置时，推动微动开关快速动作，使其动断触点分断，动合触点闭合；当滚轮上的挡铁移开后，复位弹簧使其各部分恢复原始位置。

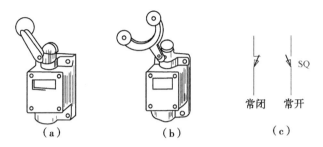

图 2-4　行程开关外形图及其电气表示符号

(a) 单轮旋转式；(b) 双轮旋转式；(c) 电气符号

近年来，为了提高行程开关的使用寿命和操作频率，已开始采用晶体管无触点行程开关（又称接近开关）。

第二节　熔断器

熔断器俗称保险丝，是电路中最常用的一种简便而有效的短路保护电器。它主要由熔断体和放置熔断体的绝缘管或绝缘座组成，熔断体（熔丝）是熔断器的核心部分，熔体由易熔金属材料铅、锌、锡、银、铜及其合金制成，通常制成丝状和片状。熔管是装熔体的外壳，由陶瓷、绝缘钢纸制成，在熔体熔断时兼有灭弧作用。熔断器应与电路串联，熔断器主要作短路或过载保护用。在电路正常工作和电动机启动时，熔体如同一根导线，起通路作用，不应熔断；当线路短路或过载时熔断器熔断，起到保护线路上其他电器设备的作用。熔体熔断所需要的时间与通过熔体的电流大小有关。一般说来，当通过熔体的电流等于或小于其额定电流的 1.25 倍时，允许其不熔断；超过其额定电流的倍数越大则熔断时间越短。

熔断器可分为磁插式熔断器、螺旋式熔断器、管式熔断器。

磁插式熔断器结构如图 2-5 所示。因为磁插式熔断器具有结构简单、价廉、外形小、更换熔丝方便等优点，所以它被广泛地应用于中、小容量的控制系统中。

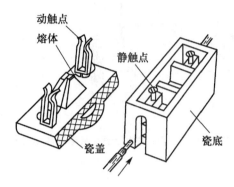

图 2-5 磁插式熔断器

螺旋式熔断器的外形和结构如图 2-6 所示。在熔断管内装有熔丝，并填充石英砂，作熄灭电弧之用。熔断管口有色标，以显示熔断信号。当熔断器熔断的时候，色标被反作用弹簧弹出后自动脱落，通过瓷帽上的玻璃窗口可看见。

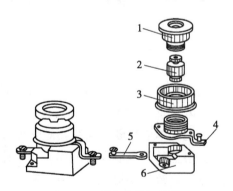

图 2-6 螺旋式熔断器器

1. 瓷帽；2. 熔断管；3. 瓷套；4. 上接线端；5. 下接线端；6. 瓷座

管式熔断器分为有填料管式和无填料管式两类。有填料管式熔断器的结构如图 2-7 所示。有填料管式熔断器是一种分断能力较大的熔断器，主要用于要求分断较大电流的场合。

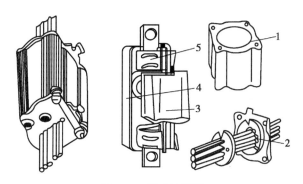

图 2-7　管式熔断器
1. 管体；2. 熔体；3. 熔断体；4. 瓷底座；5. 弹簧夹

　　选择熔断器，主要是确定熔体的额定电流。选择熔体额定电流的方法如下。

　　（1）在没有冲击电流的电路，如照明电路中，熔体额定电流应等于或稍大于电路正常工作时的最大电流。

　　（2）如果电路中只有一台电动机工作时，为保证既能启动电机，又能利用到熔体的短路保护作用，熔体的额定电流应等于或稍大于电动机额定电流的 1.5~3 倍。如果电动机启动频繁，则取较大的倍数，否则取较小值。

　　（3）若是几台电动机合用的总熔体，则熔体额定电流 =（1.5~2.5）×容量最大的电动机的额定电流+其余电动机的额定电流之和。

第三节　接触器

　　接触器是一种能按外来信号远距离自动接通或断开正常工作的主电路或大容量的控制电路的一种自动控制电器。它是利用电磁吸力及弹簧反力的配合作用，使触头闭合与断开的一种电磁式自动切换电器。

按状态的不同，接触器的触点分为动合触点和动断触点两种。接触器在线圈未通电时的状态称为释放状态；线圈通电、铁芯吸合时的状态称为吸合状态。接触器处于释放状态时断开，而处于吸合状态时闭合的触点称为动合触点；反之称为动断触点。

按用途的不同，接触器的触点又分为主触点和辅助触点两种。主触点接触面积大，能通过较大的电流；辅助触点接触面积小，只能通过较小的电流。

主触点一般为 3 副动合触点，串接在电源和电动机之间，用来切换供电给电动机的电路，以起到直接控制电动机启停的作用，这部分电路称为主电路。

辅助触点既有动合触点，也有动断触点，通常接在由按钮和接触器线圈组成的控制电路中，以实现某些功能，这部分电路又称辅助电路。

交流接触器的结构及符号如图 2-8 所示。

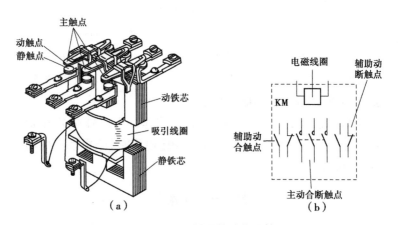

图 2-8 交流接触器的结构及符号

（a）结构；（b）符号

接触器线圈通电时，在电磁吸力的作用下，动铁芯带动动触点一起下移，使同一触点组中的动触点和静触点有的闭合，有的断开。当线圈断电后，电磁吸力消失，动铁芯在弹簧的作用下复位；触点组也恢复到原先的状态。图 2-9 是交流接触器的原理图。

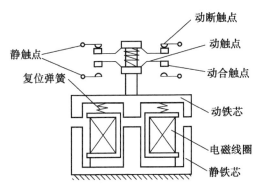

图 2-9　交流接触器工作原理示意

第四节　继电器

继电器是一种根据外接电信号来进行自动切换的电器，它主要起到对电路的控制和保护作用。其种类很多，根据接入信号的不同，可分为中间继电器、时间继电器、热继电器等。现介绍其中的几种。

一、中间继电器

中间继电器与交流接触器的工作原理相同，也是利用线圈通电，吸合动铁芯，而使触头动作。只是它们的用途有所不同：接触器主要用来接通和断开主电路，中间继电器则主要用在辅助电路中，用来弥补辅助触头的不足。因此，中间继电器触头的额定电流都比较小，一般不大于 5A，而触头数量比较多。在选用中间继电器时，主要是考虑电压等级和触头数目。

二、热继电器

热继电器是利用电流热效应使双金属片受热后弯曲,通过联动机构使触头动作的自动电器。在对电机的自动控制中,不但要求能实现对电动机的启停控制,还需要有对电机的必要保护措施。除了要考虑到电机的短路保护外,还需要考虑电机的过载保护。电动机在工作时,当负载过大、电压过低或发生一相断路故障时,电动机的电流都要增大,其值往往超过额定电流。如果超过不多,电路中熔断器的熔体不会熔断,但时间长了会影响电动机的寿命,甚至烧毁电动机。利用热继电器可以实现对电机的过载保护。图 2-10 是热继电器的结构及图形符号。

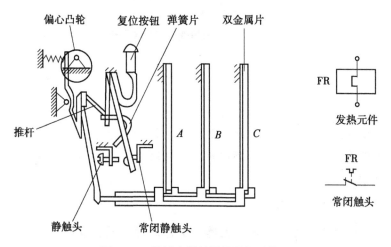

图 2-10 热继电器的结构及图形符号

三、时间继电器

时间继电器是在接收到外部输入的电信号后,其执行部分需要延迟一定时间才动作的一种继电器。它利用电磁原理,配合机械动作机构能实现在得到信号输入（线圈通电或断电）后的预定时间内的信号的延时输出（触头的闭合或断开）。时间继电器种类很多，常用的有电磁式、空气阻尼式、电动式和晶体管式等，这里仅介绍通电延时的空气阻尼式时间继电器。

四、速度继电器

速度继电器又称为反接制动继电器。它主要用于笼形异步电动机的反接制动控制。

速度继电器主要由转子、定子和触点 3 部分组成。转子是一个圆柱形永久磁铁，定子是一个笼形空心圆环，由硅钢片叠成，并装有笼形绕组。

速度继电器转子的轴与被控电动机的转轴相连接，而定子套在转子上。当电动机转动时，速度继电器的转子随之转动，定子内的短路导体便切割磁场，产生感应电动势，从而产生电流。此电流与旋转的转子磁场作用产生转矩，于是定子开始转动。当转到一定角度时，装在定子轴上的摆锤推动簧片动作，使动断触点分断，动合触点闭合。当电动机转速低于某一值时，定子产生的转矩减小，触点在弹簧作用下复位。速度继电器根据电动机的额定转速进行选择。

第五节　自动空气断路器

自动空气断路器也叫空气开关，是常用的一种低压保护电器，可以实现过载保护、短路保护、欠压保护。断路器的动、静触点及触杆设计成平行状，利用短路产生的电动斥力使动、静触点断开，分断能力高、限流特性强。

短路时，静触头周围的芳香族绝缘物气化，起冷却灭弧作用，飞弧距离为零。断路器的灭弧室采用金属栅片结构，触头系统具有斥力限流机构，因此，断路器具有很高的分断能力和限流能力。

反时限动作是双金属片受热弯曲使脱扣器动作，瞬时动作是衔铁带动脱扣器动作。脱扣方式有热动、电磁和复式脱扣3种。

当线路发生短路或严重过载电流时，短路电流超过瞬时脱扣整定电流值，电磁脱扣器产生足够大的吸力，将衔铁吸合并撞击杠杆，使搭钩绕转轴座向上转动与锁扣脱开，锁扣在反力弹簧的作用下将3副主触头分断，切断电源。

第三章　常用工具和仪表的功能与使用

第一节　验电器操作技能

一、低压氖泡式验电器结构及使用方法

（一）低压氖泡式验电器结构

低压氖泡式验电器是工矿企业电工作业必备的安全工具，它用于检测 500V 以下线路或设备是否带有工频电压，以确保在停电检修时工作人员的人身安全。常用的氖泡式低压验电器又称试电笔，检测电压范围一般为 60～500V，低压氖泡式验电器常做成钢笔式或改锥式，如图 3-1 所示。

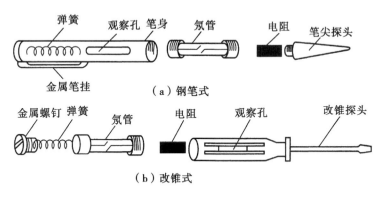

（a）钢笔式

（b）改锥式

图 3-1　低压氖泡式验电器

（二）低压氖泡式验电器使用方法及注意事项

在使用低压氖泡式验电器时，必须手指触及低压氖泡式验

电器尾部的金属部分，并使氖管小窗背光且朝向自己，以便观测氖管的亮暗程度，防止因光线太强造成误判断，其使用方法如图3-2所示。当用低压氖泡式验电器测试带电体时，电流经带电体、验电器、人体及大地形成通电回路，只要带电体与大地之间的电位差超过60V时，低压氖泡式验电器中的氖管就会发光。在使用低压氖泡式验电器时应注意以下事项。

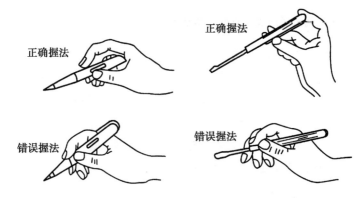

图3-2   低压氖泡式验电器使用方法

（1）使用前，必须在有电的导体上对低压氖泡式验电器进行测试，检查低压氖泡式验电器是否正常发光，在明亮的光线下往往不容易看清氖泡的辉光，应注意避光。

（2）验电时，应使低压氖泡式验电器逐渐靠近被测物体，直至氖管发亮，不可直接接触被测体。手指必须触及低压氖泡式验电器尾部的金属体，否则，带电体也会误判为非带电体。要防止手指触及笔尖的金属部分，以免造成触电事故。

二、感应数显式验电器

感应数显式验电器适用于直接检测12～250V的交直流电压和间接检测交流电的零线、相线和断点，还可测量不带电导体的通断。

(一) 按钮说明

(1) 直接测量按钮 ("DIRECT"离液晶屏较远),用感应数显式验电器的金属前端直接接触线路时,按此按钮。

(2) 感应/断点测量按钮 ("INDUCTANCE"离液晶屏较近),用感应数显式验电器的金属前端感应 (注意是感应,而不是直接接触) 线路时,按此按钮。

(二) 直接检测

(1) 轻按直接测量 (DIRECT) 按钮,感应数显式验电器的金属前端直接接触被检测物。

a. 最后显示的数字为所测电压值 (本感应数显式验电器分12V、36V、55V、110V、220V 5 段电压值,通常小于或等于36V 的电压不至于有生命危险)。

b. 未到高段显示值70%时,显示低段值。

(2) 感应数显式验电器的金属前端直接接触到火线时,指示灯都会立刻亮起。

a. 手没碰到任一测量键时,指示灯亮起,并显示 12V,此数值不准。

b. 手碰到感应/断点测量键时,指示灯亮起,并显示 110V,此数值不准。

c. 手碰到直接测量键时,指示灯亮起,并显示 220V,此数值准确。

(3) 手按下直接测量键时,感应数显式验电器的金属前端直接接触人体、火线、零线、地线、金属等导电物体时,指示灯都可能会亮起,此时实际电压以读数为准,若无读数则表明无电压。

(4) 手按下感应/断点测量键,感应数显式验电器金属前端

直接接触被检测物时，有以下两种情况。

a. 指示灯亮起，并显示 110V，就表明有交流电 220V 电压。

b. 指示灯不亮，但出现"高压符号"，请参见"（三）间接检测"中的（1）、（2）两点。

（三）间接检测（又称感应检测）

（1）按下感应/断点测量（INDUCTANCE）键，感应数显式验电器金属前端靠近被检测物（注意是靠近，而不是直接接触），若显示屏出现"高压符号"，则表示被检测物内部带交流电。

（2）测量有断点的电线时，按下感应/断点测量（INDUCTANCE）键，感应数显式验电器金属前端靠近该电线（注意是靠近，而不是直接接触）或者直接接触该电线的绝缘外层，若"高压符号"消失，则此处即为断点处。

第二节　螺钉旋具操作技能

（一）螺钉旋具分类

螺钉旋具是一种用来拧转螺钉以迫使其就位的工具，通常有一个薄楔形头，可插入螺钉钉头的槽缝或凹口内。常用的螺钉旋具如图 3-3 所示，它用来紧固或拆卸螺钉，一般分为一字形和十字形两种。

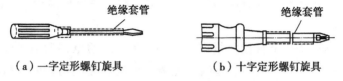

（a）一字定形螺钉旋具　　　　（b）十字定形螺钉旋具

图 3-3　螺钉旋具

（1）一字形螺钉旋具。一字形螺钉旋具的规格用柄部以外的长度表示，常用的有 100mm、150mm、200mm、300mm、400mm 等。

（2）十字形螺钉旋具。十字形螺钉旋具也称为梅花螺钉旋具，一般分为4种型号，其中Ⅰ号适用于直径为 2~2.5mm 的螺钉；Ⅱ、Ⅲ、Ⅳ号分别适用于直径为 3~5mm、6~8mm、10~12mm 的螺钉。

（3）多用螺钉旋具。多用螺钉旋具是一种组合式工具，既可作螺钉旋具使用，又可作低压验电器使用，此外，还可用来锥、钻、锯、扳等。它的柄部和螺钉旋具是可以拆卸的，并附有规格不同的螺钉旋具、三棱锥体、金力钻头、锯片、锉刀等附件。

质量上乘的螺钉旋具的刀头是用硬度比较高的弹簧钢做的，好的螺钉旋具应该做到硬而不脆，硬中有韧。当螺钉头开口变秃打滑时可以用锤敲击螺钉旋具，把螺钉的槽剔得深一些，便于将螺钉拧下，螺钉旋具要毫发无损。螺钉旋具常常被用来撬东西，这就要求有一定的韧性不弯不折。总体来说，希望螺钉旋具头部的硬度大于 HRC60，不易生锈。

（二）使用螺钉旋具注意事项

将螺钉旋具拥有特化形状的端头对准螺钉的顶部凹坑固定，然后开始旋转手柄。根据规格标准，顺时针方向旋转为旋紧，逆时针方向旋转则为旋出（极少数情况下则相反）。一字螺钉旋具可以应用于十字螺钉。

螺钉旋具的刀刃必须正确地磨削，刀刃的两边要尽量平行。如果刀刃呈锥形，当转动螺钉旋具时，刀刃极易滑出螺钉槽口。螺钉旋具的头部不要磨得太薄，在砂轮上磨削螺钉旋具时要特别小心，螺钉旋具会因为过热，而使螺钉旋具的锋口变软。在磨削时，要戴上护目镜。螺钉旋具的使用方法如下。

（1）使用时，不可用螺钉旋具当撬棒或凿子使用。

（2）在使用前应先擦净螺钉旋具柄和口端的油污，以免工作时滑脱而发生意外，使用后也要擦拭干净。

（3）正确的方法是以右手握持螺钉旋具，手心抵住柄端，让螺钉旋具口端与螺钉槽口处于垂直吻合状态。

（4）当拧松螺钉时，应用力将螺钉旋具压紧后，再用手腕力扭转螺钉旋具；当螺钉松动后，即可使手心轻压螺钉旋具柄部，用拇指、中指和食指快速转动螺钉旋具。

（5）选用的螺钉旋具口端应与螺钉上的槽口相吻合。如口端太薄易折断，太厚则不能完全嵌入槽内，易使刀口或螺钉槽口损坏。

在使用螺钉旋具时应注意以下事项。

（1）螺钉旋具较大时，除大拇指、食指和中指要夹住握柄外，手掌还要顶住柄的末端以防旋转时滑脱。

（2）螺钉旋具较小时，用大拇指和中指夹着握柄，同时用食指顶住柄的末端用力旋动。

（3）螺钉旋具较长时，用右手压紧手柄并转动，同时左手握住螺钉旋具的中间部分（不可放在螺钉周围，以免将手划伤），以防止螺钉旋具滑脱。

（4）带电作业时，手不可触及螺钉旋具的金属杆（不应使用金属杆直通握柄顶部的螺钉旋具），以免发生触电事故。为防止金属杆触到人体或邻近带电体，金属杆应套上绝缘管。

第三节　电工钳操作技能

（一）钢丝钳

钢丝钳是一种夹持或折断金属薄片、切断金属丝的工具，电工用钢丝钳的柄部套有绝缘套管（耐压500V），其规格用钢丝钳全长的毫米数表示，常用的有150mm、175mm、200mm等。钢丝钳的构造及应用如图3-4所示。

钢丝钳在电工作业时，用途广泛。钳口可用来弯绞或钳夹导线线头；齿口可用来紧固或起松螺母；刀口可用来剪切导线或钳削导线绝缘层；侧口可用来铡切导线线芯、钢丝等较硬线材。在使用钢丝钳时应注意以下事项。

（1）使用前，应检查钢丝钳绝缘是否良好，以免带电作业时造成触电事故。

（2）在带电剪切导线时，不得用刀口同时剪切不同电位的两根线（如相线与零线、相线与相线等），以免发生短路事故。

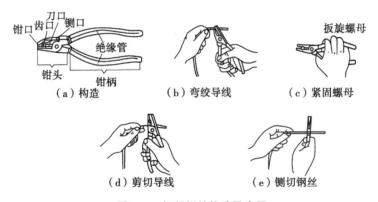

图 3-4　钢丝钳的构造及应用

（二）尖嘴钳

尖嘴钳的头部尖细，如图 3-5 所示，用法与钢丝钳相似，其特点是适用于在狭小的工作空间操作，能夹持较小的螺钉、垫圈、导线及电器元件。在安装控制线路时，尖嘴钳能将单股导线弯成接线端子（线鼻子），有刀口的尖嘴钳还可剪断截面较小的导线、剥削导线的绝缘层，也可用来对单股导线整形（如平直、弯曲等）。若使用尖嘴钳带电作业，应检查其绝缘是否良好，并在作业时金属部分不要触及人体或邻近的带电体。

图 3-5　尖嘴钳

（三）斜口钳

斜口钳头部"扁斜"，因此又叫"扁嘴钳"或"剪线钳"，如图 3-6 所示。可用斜口钳剪断较粗的金属丝、线材及导线、电缆芯线等。对粗细不同、硬度不同的金属丝、导线、电缆芯线，应选用大小合适的斜口钳。斜口钳的柄部有铁柄、管柄、绝缘柄之分，绝缘柄耐压为 1 000V。

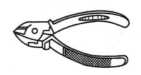

图 3-6　斜口钳

（四）剥线钳

剥线钳是专用于剥削较细小导线绝缘层的工具，其外形如图 3-7 所示。剥线钳的钳口部分设有几个刃口，用以剥落不同线径导线的绝缘层。其柄部是绝缘的，耐压为 500V。使用剥线钳剥削导线绝缘层时，先将要剥削的绝缘长度用标尺定好，然后将导线放入相应的刃口中（比导线直径稍大)，再用手将钳柄一握，导线的绝缘层即被剥离。

图 3-7 剥线钳

第四节 电工刀操作技能

一、电工刀构成

电工刀是电工常用的一种切削工具，普通的电工刀由刀片、刀刃、刀把、刀挂等构成（图 3-8）。

图 3-8 电工刀

不用时把刀片收缩到刀把内。电工刀是用来剖切导线、电缆的绝缘层，切割木台缺口，削制木枕的专用工具，如图 3-8 所示。电工刀有一用（普通式）、两用及多用（三用）3 种。多用电工刀由刀片、锯片、钻子等组成，刀片用来割削电线绝缘层，锯片用来锯削电线槽板和圆垫木，钻子用来钻削木板眼孔。电工刀的规格习惯上以型号表示，见表 3-1。

表 3-1 电工刀的规格 单位：mm

名称	1 号	2 号	3 号
刀柄长度	115	105	95
刃部厚度	0.7	0.7	0.6

二、电工刀使用方法及注意事项

（一）电工刀使用方法

（1）电工刀的刀刃部分要磨得锋利才利于剥削电线的绝缘层，但不可太锋利，太锋利容易削伤线芯，磨得太钝，则无法剥削导线的绝缘层。磨刀刃一般采用磨刀石或油磨石，磨好后再把底部磨点倒角，即刃口略微圆一些利于对双芯护套线的外层绝缘的剥削，可以用刀刃对准两芯线的中间部位，把导线一剖为二。

（2）芯线截面大于 4mm² 的塑料硬线需用电工刀剖削绝缘层，用电工刀剖削电线绝缘层时，刀以 45°角切入，接着以 25°角用力向线端推削，削去绝缘。用电工刀切剥时，刀口不能伤着芯线。常用的剥削方法有级段剥削和斜削法剥削，用电工刀剖削电线绝缘层时，可把刀略微翘起一些，用刀刃的圆角抵住线芯。切忌把刀刃垂直对着导线切割绝缘层，因这样容易割伤电线线芯。

（3）圆木与木槽板或塑料槽板的吻接凹槽可采用电工刀在施工现场切削，通常用左手托住圆木，右手持刀切削。利用电工刀还可以削制木榫、竹榫等。

（4）多功能电工刀除了刀片以外，有的还带有尺子、锯子、剪子、锥子和扩孔锥等。多功能电工刀的锯片，可用来锯割木条、竹条、制作木榫、竹榫。

（5）在硬杂木上拧螺钉很费劲时，可先用多功能电工刀上的锥子钻个洞，这时拧螺钉便省力多了。

（6）圆木上需要钻穿线孔，可先用多功能电工刀的锥子钻出小孔，然后用扩孔锥将小孔扩大，以利较粗的电线穿过，这是又一种多功能电工刀。

（7）电线、电缆的接头处常使用塑料或橡皮带等作加强绝缘，这种绝缘材料可用多功能电工刀的剪子将其剪断。

（二）电工刀使用应注意的事项

（1）因为电工刀刀柄是无绝缘保护的，所以，绝不能在带电导线或电气设备上使用，以免触电。

（2）应将刀口朝外剖削，并注意避免伤及手指。

（3）剖削导线绝缘层时，应使刀面与导线呈较小的锐角，以免割伤导线。

（4）使用完毕，随即将刀身折进刀柄。

第五节　电烙铁操作技能

一、电烙铁分类及结构

电烙铁主要用途是焊接元器件及导线，按机械结构可分为内热式电烙铁和外热式电烙铁，按功能可分为无吸锡电烙铁和吸锡式电烙铁，按电烙铁功率分为大功率（75W 以上）和小功率（75W 以下），按烙铁头的结构分为圆斜面、凿式等，如图3-9所示。

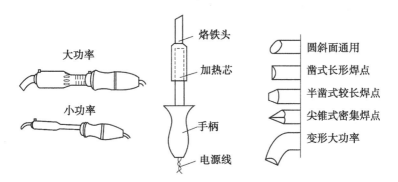

图3-9　电烙铁结构

（一）外热式电烙铁

外热式电烙铁由烙铁头、烙铁芯、外壳、木柄、电源引线、插头等部分组成，由于烙铁头安装在烙铁芯里面，故称为外热式电烙铁。烙铁芯是电烙铁的关键部件，它是将电热丝平行地绕制在一根空心瓷管上构成，中间的云母片起绝缘作用，并引出两根导线与220V交流电源连接。外热式电烙铁的规格很多，常用的有25W、45W、75W、100W等，功率越大，烙铁头的温度也就越高。

（二）内热式电烙铁

内热式电烙铁由手柄、连接杆、弹簧夹、烙铁芯、烙铁头组成，由于烙铁芯安装在烙铁头里面，故称为内热式电烙铁。内热式电烙铁发热快，发热效率较高，体积较小，价格便宜。内热式电烙铁的常用规格为20W、35W、50W几种，其中35W、50W是最常用的。由于它的热效率高，20W内热式电烙铁就相当于40W左右的外热式电烙铁。内热式电烙铁的后端是空心的，用于套接在连接杆上，并且用弹簧夹固定，当需要更换烙铁头时，必须先将弹簧夹退出，同时用钳子夹住烙铁头的前端，慢慢地拔出，切记不能用力过猛，以免损坏连接杆。

（三）恒温式电烙铁

恒温式电烙铁的烙铁头内装有带磁铁式的温度控制器，控制通电时间而实现温控，即给电烙铁通电时，烙铁的温度上升，当达到预定的温度时，因强磁体传感器达到了居里点而磁性消失，从而使磁芯触点断开，停止向电烙铁供电；当温度低于强磁体传感器的居里点时，强磁体便恢复磁性，并吸动磁芯开关中的永久磁铁，使控制开关的触点接通，继续向电烙铁供电。如此循环往复，便达到了控制温度的目的。

采用PTC元件的恒温式电烙铁，其烙铁头不仅能恒温，而且可以防静电、防感应电，能直接焊 CMOS 器件。高档的恒温式电烙铁的控制装置上带有烙铁头温度的数字显示（简称数显）装置，显示温度最高达 400℃。

恒温式电烙铁的烙铁头带有温度传感器，在控制器上可由人工改变焊接时的温度。若改变恒温点，烙铁头很快就可达到新的设置温度。

无绳式电烙铁是一种新型恒温式焊接工具，由无绳式电烙铁单元和红外线恒温焊台单元两部分组成，可将 220V 电源电能转换为热能的无线传输。烙铁单元组件中有温度高低调节旋钮，在 160~400℃ 温度范围内连续可调，并有温度高低挡指示。另外，还设计了自动恒温电子电路，可根据用户设置的使用温度自动恒温，误差范围为 3℃。

（四）双温式电烙铁

双温式电烙铁为手枪式结构，在电烙铁手柄上附有一个功率转换开关。开关一位是 20W；另一位是 80W。只要转换开关的位置即可改变电烙铁的发热量。

（五）吸锡式电烙铁

吸锡式电烙铁是将活塞式吸锡器与电烙铁熔为一体的拆焊工具，它具有使用方便、灵活、适用范围宽等特点。这种吸锡电烙铁的不足之处是每次只能对一个焊点进行拆焊。吸锡式电烙铁自带电源，适合于拆卸整个集成电路，且速度要求不高的场合。其吸锡嘴、发热管、密封圈所用的材料，决定了烙铁头的耐用性。

二、电烙铁选用

电烙铁的种类及规格有很多种，而且被焊工件的大小又有所不同，因而合理地选用电烙铁的功率及种类，对提高焊接质量和效率有直接的关系。

（1）焊接集成电路、晶体管及受热易损元器件时，应选用20W 内热式或 25W 的外热式电烙铁。

（2）焊接导线及同轴电缆时，应选用 45～75W 外热式电烙铁或用 50W 内热式电烙铁。

（3）焊接较大的元器件时，如行输出变压器的引线脚、大电解电容器的引线脚、金属底盘接地焊片等，应选用 100W 以上的电烙铁。

三、电烙铁使用方法

用电烙铁焊接导线时，必须使用焊料和焊剂。焊料一般为丝状焊锡或纯锡，常见的焊剂有松香、焊膏等。焊接的焊点必须牢固，锡液必须充分渗透，焊点表面圆滑且有光泽，应防止出现"虚焊""夹生焊"。产生"虚焊"的原因是焊件表面未清除干净或焊剂太少，使得焊锡不能充分流动，造成焊件表面挂锡太少，焊件之间未能充分固定。造成"夹生焊"的原因是烙铁温度低或焊接时烙铁停留时间太短，焊锡未能充分熔化。

电烙铁的握法没有统一的要求，以不易疲劳、操作方便为原则，一般有笔握法和拳握法两种，如图 3-10 所示。对焊接的

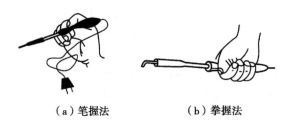

（a）笔握法　　　　　（b）拳握法

图 3-10　电烙铁的握法

基本要求是，焊接前一般要把元器件引脚或电路板的焊接部位的氧化层除去，并用焊剂进行上锡处理，使得烙铁头的前端经常保持一层薄锡，以防止氧化、减少能耗、导热良好。

第六节　电工绝缘安全用具

一、电工绝缘安全用具的种类

常用的电工绝缘安全用具按功能可分为3类。

（1）基本安全用具。直接接触带电部位，进行带电操作、测量和其他需要触及电气设备的特定工作所使用的绝缘工具，统称为基本安全用具。

a. 电容型验电器是通过检测流过验电器对地杂散电容中的电流，检验高压电气设备、线路是否带有运行电压的装置。电容型验电器一般由接触电极、验电指示器、连接件、绝缘杆和护手环等组成。

b. 绝缘杆是用于短时间对带电设备进行操作或测量的绝缘工具，如接通或断开高压隔离开关、跌落熔断开关等。绝缘杆由合成材料制成，结构一般分为工作部分、绝缘部分和手握部分。

c. 绝缘隔板是由绝缘材料制成，用于隔离带电部件、限制工作人员活动范围的绝缘平板。

d. 绝缘罩是由绝缘材料制成，用于遮蔽带电导体或非带电导体。

e. 携带型短路接地线是用于防止设备、线路突然来电，消除感应电压，放尽剩余电荷的临时接地装置。

（2）辅助安全用具。不直接接触带电部位，而是通过绝缘杆或传动装置操作带电设备，以防止工作人员遭受泄漏电流或接触电压、跨步电压的危险所使用的绝缘工具，统称为辅助安全用具。

a. 绝缘手套是由特种橡胶制成的，起电气绝缘作用的手套。

b. 绝缘靴是由特种橡胶制成的，用于人体与地面绝缘的靴子。

c. 绝缘胶垫是由特种橡胶制成的，用于加强工作人员对地绝缘的橡胶板。

（3）带电作业安全用具。进行带电作业时，间接地从事设备带电检修所使用的绝缘工具，称为带电作业安全用具。

一般防护安全工具如下。

a. 安全帽。是一种用来保护工作人员头部，使头部免受外力冲击伤害的个人防护用品。

b. 高压近电报警安全帽。是一种带有高压近电报警功能的安全帽，一般由普通安全帽和高压近电报警器组合而成。

c. 安全带。是预防高处作业人员坠落伤亡的个人防护用品，由腰带、围杆带、金属配件等组成。安全绳是安全带上面的保护人体不坠落的系绳。

d. 梯子。由木料、竹料、绝缘材料、铝合金等材料制作，用于登高作业。

e. 防电弧服。是一种用绝缘和防护隔层制成的保护穿着者身体的防护服装，用于减轻或避免电弧发生时散发出的大量热能辐射和飞溅融化物的伤害。

f. 护目眼镜、防护面具。是在维护电气设备和进行检修工作时，保护工作人员不受电弧灼伤以及防止异物落入眼内的防护用具。

g. 过滤式防毒面具。是用于有氧环境中使用的呼吸器。

h. 正压式消防空气呼吸器。是用于无氧环境中的呼吸器。

i. SF6 气体检漏仪。是用于绝缘电器的制造以及现场维护、测量 SF6 气体含量的专用仪器。

二、电工绝缘安全用具操作技能

1. 绝缘杆

绝缘杆是基本安全用具，绝缘杆一般有 3~4 节，根据需要使用其中的一节、二节、三节或四节，它由3部分组成。

（1）工作部分。工作部分起完成操作功能的作用，大多由金属材料制成，样式因功能不同而不同，并均安装在绝缘部分的上面。

（2）绝缘部分。绝缘部分起绝缘隔离作用，一般由电木、胶木、塑料带、环氧玻璃布管等绝缘材料制成；为保证操作时有足够的绝缘安全距离，绝缘杆的绝缘部分长度不得小于0.7m。

（3）手握部分。手握部分用与绝缘部分相同的材料制成，为操作人员手握部分。为了保证人体与带电体之间有足够的绝缘距离，操作人员在操作时手不能超过护环，护环的作用是使绝缘部分与手握部分有明显的隔离点。

2. 绝缘夹钳

绝缘夹钳是绝缘基本安全用具，如图3-11所示。绝缘夹钳是用来安装和拆卸高压熔断器或执行其他类似工作的工具，主要用于35kV及以下电力系统。绝缘夹钳由工作钳口、绝缘部分和握手3部分组成，各部分都用绝缘材料制成，所用材料与绝缘棒相同，只是工作部分是一个坚固的夹钳，并有一个或两个管形的开口，用以夹紧熔断器。

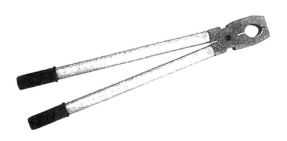

图3-11　绝缘夹钳

绝缘夹钳按照操作形式可以分为单手握绝缘夹钳和双手握绝缘夹钳两种基本形式。单手握绝缘夹钳属于低压操作，可对真空保险管和一些其他较小的部件、配件进行抓取操作作业。高压绝缘夹钳主要为双手握绝缘夹钳，主要采用双手握绝缘钳柄，在绝缘夹钳操作时，保持一定的安全距离操作更有安全保障。

绝缘夹钳按照电压等级可以分为 0.4kV 绝缘夹钳、6kV 绝缘夹钳、10kV 绝缘夹钳、20kV 绝缘夹钳，27.5kV 绝缘夹钳、35kV 绝缘夹钳和 110kV 绝缘夹钳几种常见规格。

3. 绝缘手套和绝缘靴

（1）绝缘手套。绝缘手套又称为高压绝缘手套，是用绝缘橡胶或乳胶经压片、模压、硫化或浸模成型的五指手套，主要用于电工作业，绝缘手套是在电气设备上操作时的辅助安全用具，也是在低压电气设备上工作时的基本安全用具。绝缘手套的长度至少应超过手腕 10cm，使用绝缘手套时应注意以下事项。

a. 用户购进绝缘手套后，如发现在运输、储存过程中遭雨淋、受潮湿发生霉变，或有其他异常变化，应到法定检测机构进行电性能复核试验。

b. 使用前应对绝缘手套进行检查，检查时可将手套朝手指方向卷曲，检查有无漏气或裂口等，发现有任何破损则不能使用。

c. 戴手套时应将外衣袖口放入手套的伸长部分，以防发生意外。

d. 使用后，应将内外污物擦洗干净，待干燥后，撒上滑石粉放置平整，以防受压受损，且勿放于地上。

e. 绝缘手套每半年进行电性能复核试验一次。

f. 绝缘手套应储存在干燥通风室温 -15 ~ 30℃、相对湿度 50%~80% 的库房中，远离热源，离开地面和墙壁 20cm 以上。

避免受酸、碱、油等腐蚀品物质的影响，不要露天放置，避免阳光直射。

（2）绝缘靴。绝缘靴又称为高压绝缘靴、矿山靴，绝缘靴按电压等级一般可以分为 6kV 绝缘靴、20kV 绝缘靴、25kV 绝缘靴和 35kV 绝缘靴，以适应不同电压等级的环境下使用。绝缘靴可作为防护跨步电压的基本安全用具。

穿绝缘靴是为了防止设备外壳带有较高电位时操作人员受到跨步电压的危害。在实际操作中要注意在出现以下情况时穿好绝缘靴。

a. 电气设备出现异常的检查巡视中，包括小电流接地系统的接地处的检查。

b. 雨天、雷电天气进行设备巡视和用绝缘棒进行操作时。

c. 发生人身触电，前往解救时。

d. 对接地网电阻不合格的配电装置进行倒闸操作和巡视时。

使用绝缘靴时应注意以下事项。

a. 应根据作业场所电压高低正确选用绝缘靴，高压绝缘靴可以作为高压和低压电气设备上工作时的辅助安全用具使用。但不论是穿低压绝缘靴或高压绝缘靴，均不得直接用手接触电气设备。

b. 有破损的绝缘靴不能使用，15kV 及以下绝缘靴的磨耗减量不大于 $1.0cm^3$；20kV 及以上绝缘靴的磨耗减量不大于 $1.9cm^3$。

c. 穿用绝缘靴时，应将裤管套入靴筒内。

d. 非耐酸碱油的绝缘靴，不可与酸碱油类物质接触，并应防止尖锐物刺伤。

e. 在购买绝缘靴时，应查验鞋上是否有绝缘永久标记，如红色闪电符号，鞋底有耐电压多少伏等标识；鞋内是否有合格证、安全鉴定证、生产许可证编号等。

第七节　高压验电器的结构及正确使用

一、验电的作用及高压验电器结构

1. 验电的作用

验电的作用是通过使用合格的验电器验电，明显地验证停电设备是否确无电压，以防出现带电装设接地线或带电合接地刀闸等恶性事故的发生。所谓合格的验电器是验电器的额定电压和设备电压等级相适应；验电器没有超过耐压试验周期；外观检查良好。使用前先在有电的设备上进行试验，以确保验电器的指示器良好。验电时，还必须在设备进出线两侧各相分别验电，以防在某些意外情况下出现一侧或其中一相带电而未被发现。

在停电操作工作结束后不得以母线电压表指示零位、电源指示灯泡熄灭、电动机不转动、电磁圈和变压器无响声等，作为判断设备已停电的依据，有以下几方面原因。

（1）母线电压表无指示，也可能是电压表内部线圈和外部接线回路断线或保险熔断，或表内部机件发生故障，指针卡滞等原因引起。所以电压表无指示，不能作为判断母线有无电压的唯一依据。

（2）电源指示灯泡熄灭，也可能是灯丝熔断，灯泡接口接触不良，灯泡电源断线或接触不良，电源保险熔断等原因引起，所以指示灯熄灭也不能作为母线有无电压的唯一依据。

（3）电动机不转、无响声，也可能是电动机停电，保险熔断，因此也不能将电动机是否转动、是否有响声作为判断母线有无电压的唯一依据。

（4）电磁线圈没有电磁响声，也可能是电磁器没投入运行，或在断开（失电）状态，电磁线圈断线、切换接点不良等，因此也不能用电磁线圈有无电磁响声作为判断母线有无电压的依据。

（5）变压器如无负荷或负荷很小，加之环境噪声的影响，此时人能够听到的声音将较小甚至听不到，所以不能用变压器有无声音作为停电的唯一判据。

2. 高压验电器结构

高压验电器主要用来检测高压架空线路、电缆线路、高压用电设备是否带电，高压验电器的主要类型有发光型高压验电器、声光型高压验电器、高压电磁感应旋转验电器。高压验电器按照适用电压等级可分为6kV、10kV、35kV、66kV、110kV、220kV、500kV验电器。按照型号可分为GDY声光型高压验电器、GD声光型高压验电器、GSY声光型高压验电器、YD语言型高压验电器、GDY-F防雨型高压验电器、GDY-C风车式高压验电器、GDY-S绳式高压验电器。高压验电器的技术参数如下。

（1）6kV高压验电器。有效绝缘长度：840mm；手柄长度：120mm；节数：5；护环直径：55mm；接触电极长度：40mm。

（2）10kV高压验电器。有效绝缘长度：840mm；手柄长度：120mm；节数：5；护环直径：55mm；接触电极长度：40mm。

（3）35kV高压验电器。有效绝缘长度：1870mm；手柄长度：120mm；节数：5；护环直径：57mm；接触电极长度：50mm。

（4）110kV高压验电器。适用电压等级：110kV；回态长度60cm；伸态长度200cm。

（5）220kV高压验电器。适用电压等级：220kV；回态长度80cm；伸态长度300cm。

（6）500kV高压验电器。适用电压等级：500kV；回态长度160cm；伸态长度720cm。用于6kV以上电压的高压验电器，在结构上可分为指示器与支持器两部分，如图 3-12 所示。指示器由图中 1~4 部分组成，支持器是由各种形式的绝缘伸缩杆总成。

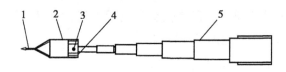

图 3-12　高压验电器结构

1. 触头；2. 元件及电池；3. 自检按钮；4. 显示灯；

5. 伸缩杆总成

　　声光式验电器由验电接触头、测试电路、电源、报警信号、试验开关等部分组成，声光式验电器的工作原理是当验电接触头接触到被试部位后，被测试部分的电信号传送到测试电路，经测试电路判断，在被测试部分有电时，验电器发出音响和灯光闪烁信号报警，无电时没有任何信号指示。为检查指示器工作是否正常，设有一试验开关，按下后能发出音响和灯光信号，表示指示器工作正常。声光型高压验电器具有以下优点。

　　（1）验电灵敏性高。不受阳光、噪声影响，白天黑夜户内户外均可使用。

　　（2）抗干扰性强，内设过压保护，温度自动补偿，具备全电路自检功能。

　　（3）内设电子自动开关，电路采用集成电路屏蔽，保证在高电压、强电场下集成电路安全可靠地工作；产品报警时发出"请勿靠近，有电危险"的警告声音，简单明了，避免了工作人员的误操作，保障了人身安全。

　　（4）验电器外壳为 ABS 工程塑料，伸缩操作杆由环氧树脂玻璃钢管制造；产品结构一体，使用存放方便。

二、高压验电器正确使用及判断有无电压方法

1. 高压验电器使用方法及注意事项

（1）使用前，按被测设备的电压等级，选择合适电压等级的验电器，否则，可能会危及验电操作人员的人身安全或造成误判断。

（2）不可一个人单独测试，身旁必须有人监护。测试时，要防止发生相间或对地短路事故。人体与带电体应保持足够的安全距离，10kV 的安全距离为 0.7m 以上。

（3）验电时操作人员应戴绝缘手套，穿绝缘靴，防止跨步电压或接触电压对人体的伤害。手握在罩护环以下的握手部位，如图 3-13 所示。验电器应先在有电设备上进行检验，检验时，应渐渐地移近带电设备至发光或发声止，以验证验电器的完好性。完好的验电器只要靠近带电体就会发光（6kV、10kV 及 35kV 系统分别约为 150mm、250mm 及 500mm）、报警或感应风车旋转。

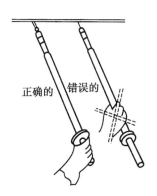

图 3-13　手握高压验电器示意

（4）用声光高压验电器时，将验电器移近待测设备，直至触及设备导电部位，此过程若一直无声、光指示，则可判定该设备不带电，反之，如在移近过程中突然发光或发声，即认为该设备带电，即可停止移近，结束验电。

（5）对回转式高压验电器，使用前应把检验过的指示器旋接在绝缘棒上固定，并用绸布将其表面擦拭干净，然后转动至所需角度，以便使用时观察方便。由于6~10kV设备相间及对地距离较小，为避免验电时发生相间或接地短路，回转验电器不适用于6~10kV电压等级设备的验电。

在用回转式高压验电器时，指示器的金属触头应逐渐靠近被测设备（或导线），一旦指示器叶片开始正常回转，则说明该设备有电，应随即离开被测设备。叶片不能长期回转，以延长验电器的使用寿命。当电缆或电容上存在残余电荷电压时，指示器叶片会短时缓慢转几圈，而后自行停转，因此，它可以准确鉴别设备是否停电。

（6）电容式高压验电器的绝缘棒上标有红线，红线以上部分表示内有电容元件，且属带电部分，该部分要按《电业安全工作规程》的要求与临近导体或接地体保持必要的安全距离。

（7）对线路的验电应逐相进行，对联络用的断路器或隔离开关或其他检修设备验电时，应在其进出线两侧各相分别验电。对同杆塔架设的多层电力线路进行验电时，应先验低压、后验高压，先验下层、后验上层。

（8）在电容器组上验电应待其放电完毕后再进行。

（9）验电时让验电器顶端的金属工作触头逐渐靠近带电部分，至氖泡发光或发出音响报警信号为止，不可直接接触电气设备的带电部分。验电器不应受邻近带电体的影响，以至发出错误的信号。

（10）验电时如果需要使用梯子时，应使用绝缘材料的梯子，并应采取必要的防滑措施，禁止使用金属材料的梯子。

（11）验电器在室外使用时，天气必须良好，雨、雪、雾及湿度较大的天气中不宜使用普通绝缘杆类型的验电器，以防发生危险。

（12）每次验电器使用完毕，应收缩验电器杆身及时取下回转指示器，并将表面尘埃擦净后放入包装袋，应存放在干燥、通风、无腐蚀气体的场所。

（13）为保证使用安全，验电器应每半年做一次电气试验，并登记记录，超过试验周期的验电器禁止使用。

2. 判断有无电压

在验电过程中可参考以下方法判断有无电压。

（1）有电。验电器靠近导体一定距离，就发光（或有声光报警）为设备有工作电压，验电器离带电体愈近，亮度（或声音）应愈强。操作人细心观察、掌握这一点对判断设备是否带电非常重要。

（2）静电。对地电位不高，电场强度微弱，验电时验电器不亮。与导体接触后，有时才发光；但随着导体上静电荷通过验电器→人体→大地放电，验电器亮度由强变弱，最后熄灭。停电后在高压长电缆上验电时，就会遇到这种现象。

（3）感应电。与静电差不多，电位较低，一般情况验电时验电器不亮。

第八节 钳形电流表操作及注意事项

一、钳形电流表选用要点

（1）检测对象。根据不同的检测对象，交流电流、直流电流、还是漏电电流来选择。首先应明确被测电流是交流电流还是直流电流；是正常频率和正常波形的工频电流，还是频率偏离工频较多的非工频电流，或波形失真比较严重、谐波成分较多的不规则波形的电流。因为整流系钳形电流表只适于测量波形失真较低、频率变化不大的工频电流，否则，将产生较大的测量误差。而对于电磁系钳形电流表来说，由于其测量机构可动部分的偏转与电流的极性无关，因此，它既可用于测量交流电流，也可用于测量直流电流。

（2）可检测的最大导体规格。配合检测场所，有直径从 21~53mm 不同规格可选。

（3）真有效值检测。使用平均值方式的钳形电流表不能正确检测电动机等非正弦波的电路和变压器的电路，检测这种电路应该使用真有效值方式的钳形电流表。

（4）正确选择钳型电流表的电压等级，必须按照被测设备的电压等级选用钳形电流表。低电压等级的钳形电流表只能用于测量低压系统中的电流，绝对不能测量高压系统中的电流。

（5）钳形电流表的准确度主要有 2.5 级、3.0 级、5.0 级等几种，应根据测量技术要求和实际情况选用。

（6）其他功能。现代的钳形电流表不仅能检测电流，还将检测功能与记录输出于一体的，而且测量功能也扩充了许多，如扩展到能测量电阻、二极管、电压、有功功率、无功功率、功率因数、频率等参数。

如用钳形电流表测量绕线式异步电动机的转子电流时，必须选用电磁系表头的钳形电流表。如果采用一般常见的磁电系钳形电流表测量时，指示值与被测量的实际值会有很大的出入，甚至没有指示，其原因是磁电系钳形电流表的表头电压是由二次线圈得到的。根据电磁感应原理可知，互感电动势为 $E_2 = 4.44f \cdot W \cdot \Phi_m$，由公式不难看出，互感电动势的大小与频率成正比。当采用此种钳形电流表测量转子电流时，由于转子上的频率较低，表头上得到的电压将比测量同样工频电流时的电压小得多（因为这种表头是按交流 50Hz 的工频设计的）。有时电流很小，甚至不能使表头中的整流元件导通，所以钳形电流表没有指示，或指示值与实际值有很大出入。

如果选用电磁系的钳形电流表，由于测量机构没有二次线圈与整流元件，被测电流产生的磁通通过表头，磁化表头的静、动铁片，使表头指针偏转，与被测电流的频率没有关系，所以能够正确指示出转子电流的数值。

钳形电流表既然是依据被测导线在钳口中产生电磁场的作用而实现电流测量的，如果在测量现场存在某种电磁干扰，则必然会干扰电流测量的正常进行，影响测量的准确性。因此，应当尽量避开干扰源，防止各种电磁性质的干扰因素。

数字式钳形电流表在测量场合的电磁干扰比较严重时，显示出的测量结果可能发生离散性跳变，从而无法确认实际电流值，而使用指针式钳形电流表，由于磁电系机械表头所具有的阻尼作用，它对电磁干扰的反应比较迟钝，不会导致表针大幅摆动，其示值范围比较直观，相对而言读数不太困难。

二、钳形电流表操作方法

1. 测量前

（1）使用钳形电流表时应注意钳形电流表的电压等级，严禁用低压钳形电流表测量高电压回路的电流。用高压钳形电流表测量时，应由两人操作，非值班人员测量还应填写第二种工作票，测量时应戴绝缘手套，站在绝缘垫上，不得触及其他设备，以防止短路或接地。

（2）在使用前要正确检查钳形电流表的外观情况，一定要检查钳形电流表的绝缘性能是否良好，各部位应完好无损；外壳应无破损，手柄应清洁干燥。钳把操作应灵活；钳口铁芯应无锈、闭合应严密；铁芯绝缘护套应完好；钳形电流表的钳口应紧密接合，测量时若指针抖晃，可重新开闭一次钳口，如果抖晃仍然存在，应仔细检查，若钳口有杂物、污垢，应清除后再进行测量。钳形电流表的指针应能自由摆动；挡位变换应灵活。

（3）由于钳形电流表要接触被测线路，所以钳形电流表不能测量裸导体的电流。

（4）测量前将钳形电流表放平，指针应指在零位，否则，应调至零位。要根据被测电流大小来选择合适的钳形电流表的量程，挡位选择的原则如下。

a. 已知被测电流范围时，选用大于被测值但又与之最接近的那一挡。

b. 若无法估计，为防止损坏钳形电流表，应从最大量程开始测量（或根据导线截面，并估算其安全载流量，适当选挡），逐步变换挡位直至量程合适，使读数超过刻度的1/2，以便得到较准确的读数。严禁在测量进行过程中切换钳形电流表的挡位，换挡时应先将被测导线从钳口退出，再更换挡位。

2. 测量时

（1）测试人应戴绝缘手套，将表平端，按紧扳手，使钳口张开，将被测导线放入钳口中央，然后松开扳手并使钳口闭合紧密，防止产生测量误差。为使读数准确，钳口两个面应保证很好的接合，钳口的结合面如有杂声，应重新开合一次，如果声音依然存在，可检查在接合面上是否有污垢存在，如有污垢，可用汽油擦干净。另外，不可同时钳住两根导线，钳形电流表测量电流操作如图3-14所示。

（2）正确的操作应当使被测导线垂直于钳口内的中心位置上。因为导线过于偏斜时，被测电流在钳口铁芯所产生的磁感应强度将发生较大幅度的变化，直接影响着测量的准确度。由于被测导线在钳口内位置不当而造成的测量误差可达2%~5%。

（3）当测量小于5A以下的电流时，为使读数更准确，在条件允许时，可将被测载流导线绕数圈后放入钳口进行测量。此

图 3-14 钳形电流表测量电流操作示意

时被测导线实际电流值应等于仪表读数值除以放入钳口的导线圈数。钳形电流表挡位的选择应适当，最好使表针落到刻度尺的 1/3 以上，因为表针的偏转角太小时，不仅刻度值不易分辨，而且表计在此范围的测量准确度也比较低。

（4）测量时应注意身体各部分与带电体保持安全距离，低压系统应保持的安全距离为 0.1~0.3m。测量高压电缆各相电流时，电缆头线间距离应在 300mm 以上，且绝缘良好。

（5）观测表计时，要特别注意保持头部与带电部分的安全距离，人体任何部分与带电体的距离不得小于钳形电流表的整个长度。

（6）测量低压熔断器或水平排列低压母线电流时，应在测量前将各相熔断器或母线用绝缘材料加以保护隔离，以免引起相间短路。

（7）有些型号的钳形电流表附有交流电压刻度，测量电流、电压时应分别进行，不能同时测量。

（8）在高压回路上测量时，禁止用导线从钳形电流表另接表计测量。

（9）当电缆有一相接地时，严禁测量。以防止出现因电缆头的绝缘水平低，发生对地击穿爆炸而危及人身安全。

3. 测量后

钳形电流表测量结束后，把开关拨至最大电流量程位置，以免下次使用时由于未经选择量程而造成仪表损坏，并应保存在干燥的室内。

对于数字式钳形电流表，尽管在使用前曾检查过电池的电量，但在测量过程中，也应当随时关注电池的电量情况，若发现电池电压不足（如出现低电压提示符号），必须在更换电池后再继续测量，不然将直接影响测量的准确度。

当测量场所的温度异常或剧烈变化时，都将影响测量的准确度。钳形电流表受温度影响的原因主要是，温度变化改变了构成仪表关键结构件的材料性能。如环境温度变化后常使仪表产生反作用力矩的游丝的弹性发生变化，从而使仪表示值随之产生变化，还可以使形成磁场的永久磁铁的磁性发生变化，使仪表的作用力矩的大小发生变化。此外，由于环境温度的变化，构成仪表的线路的电阻，以及各种电子元件、半导体器件的参数都将发生变化，最终结果都将影响到测量的准确度。

三、钳形电流表使用注意事项

使用钳形电流表时应注意以下事项。

（1）测量前对表做充分的检查，并正确地选挡。

（2）测试时应戴手套（绝缘手套或清洁干燥的线手套），必要时应设监护人。

（3）需换挡测量时，应先将导线自钳口内退出，换挡后再钳入导线测量。

（4）不可测量裸导体上的电流。

（5）测量时，注意与附近带电体保持安全距离，并应注意不要造成相间短路和相对地短路。

（6）使用后，应将挡位置于电流最高挡，有表套时将其放入表套，存放在干燥、无尘、无腐蚀性气体且不受振动的场所。

第九节 万用表操作及使用注意事项

一、指针式万用表操作要点

指针式万用表在结构上由指示部分（表头）、测量电路、转换装置 3 部分组成，MF47 型万用表面板各部分功能如图 3-15 所示。

（1）表头刻度盘。表头刻度盘上有多条刻度线，主要用于显示电压、电流、电阻、电平的测量读数，MF47 型万用表头刻度盘如图 3-16 所示。刻度盘与挡位盘印制成红、绿、黑三色，表盘颜色分别按交流红色、晶体管绿色、其余黑色对应制成，使用时读数便捷。刻度盘共有 6 条刻度，第一条专供测电阻用；第二条供测交直流电压，直流电流用；第三条供测晶体管放大倍数用；第四条供测量电容用；第五条供测电感用；第六条供测音频电平用。刻度盘上装有反光镜，以消除视差。

机械调零旋钮

h_{FE} 插孔

量程选择开关

表笔插孔

表头刻度盘

表笔

欧姆调零旋钮

图 3-15 MF47 型万用表面板各部分功能

（2）机械调零旋钮。用于校正表针在左端的零位。

（3）欧姆调零旋钮。用于校正测量电阻时的欧姆零位（右

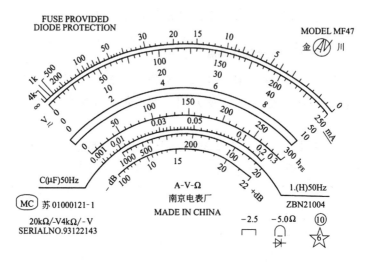

图 3-16　MF47 型万用表头刻度盘

端）。

（4）量程选择开关。用于选择和转换测量项目和量程：mA
为直流电流；V 为直流电压；V/～为交流电压；Ω 为电阻。

（5）表笔插孔。将红、黑表笔分别插入"＋""－"插孔中，
如测量交直流 2 500 V 或 5A 时，红表笔应分别插到标有
2 500V/～或"5A"的插孔中。

（6）h_{FE} 插孔。检测三极管的插孔。

（7）提把。用于携带和作倾斜支撑，以便于读数。

在使用万用表时只有掌握正确的方法，才能确保测试结果
的准确性，才能保证人身与设备的安全。

（1）使用前的准备工作。根据表头上"⊥""Ⅱ""→"符
号的要求，将万用表按刻度盘位置为垂直或水平位置放置，并
检查电池电量。

（2）插孔和转换开关的使用。首先要根据测试项目选择插
孔或转换开关的位置，在测量项目或范围改变时，一定不要忘

记换挡。切不可用测量电流或测量电阻的挡位去测量电压。如果用直流电流或电阻去测量 220V 的交流电压，万用表则会立即损坏。

（3）测试表笔的使用。万用表有红、黑两根表笔，一般红表笔为"+"，黑笔为"-"。

表笔插入万用表插孔时一定要严格按颜色和正负极插入，测直流电压或直流电流时，一定要注意正负极性，测量电流时，表笔与电路串联，测电压时，表笔与电路并联。如果位置接反，接错，将会带来测试错误或损坏表头的可能性。

（4）正确读数。在使用前应检查指针是否指在机械零位上，如不指在零位时，可旋转表盖的调零旋钮使指针指示在零位上。万用表有多条标尺，一定要认清对应的读数标尺，不能把交流和直流标尺任意混用，更不能看错。万用表同一测量项目有多个量程，例如，直流电压量程有 1V、10V、15V、25V、100V、500V 等，量程选择应使指针在满刻度的 2/3 附近。测电阻时，应先调欧姆调零旋钮，使指针处于右端欧姆刻度的零位，测量值指示在该挡刻度中心值附近，测量才准确。

二、使用万用表应注意的事项

万用表是一种具有多用途和多量限的直读式仪表，通常可用来测量直流电流、直流电压、交流电压、电阻等电量。目前，市面上的万用表种类和形式都很多，表盘上的旋钮、测量范围各不相同。万用表是比较精密的仪器，如果使用不当，不仅造成测量不准确且极易损坏。因此，在使用万用表以前，必须先了解万用表的性能及各种旋钮、刻度和其他部件的功能，熟悉各种标记。使用时一般应注意以下几点。

（1）万用表在使用时，必须水平放置在无振动的地点，以免造成误差。同时，还应避免外界磁场对万用表的影响。

（2）在使用指针式万用表之前，应先进行"机械调零"，即在没有被测电量时，使万用表指针指在零电压或零电流的位置上。测电阻以前及变换电阻挡位时要重新调零。测量电阻时，被测设备必须断电。

（3）使用万用表首先应选择要测量的项目和大概量程（若不清楚大概数值时，应选择本项的最大量程挡，然后再放置近似挡测量），选用的测量范围应使指针指在满刻度的 2/3 处。因此，应对测量的大致范围有所了解，以及选择合适的挡位，读数应注意所测量项目和量程挡的相应刻度盘上的刻度标尺及倍率。

（4）表笔插入表孔时，应按表笔颜色插入正负孔：红色表笔插入"+"孔，黑色表笔插入"－"孔；尤其在测量直流电压或电流时，更要注意极性不要接错。万用表的红表笔是接表内电池负极的，黑表笔是接表内电池正极的。这样做的目的是使万用表不论测电压、电流或电阻时，电流均统一由红表笔进，黑表笔出，表针均可正常顺向偏转，不致反打。在使用万用表过程中，不能用手去接触表笔的金属部分，这样一方面可以保证测量的准确性，另一方面也可以保证人身安全。

（5）测量电流与电压不能旋错挡位，如果误用电阻挡或电流挡去测电压，就极易损坏万用表。使用万用表电流挡测量电流时，应选择合适的量程挡位，并将万用表串联在被测电路中，测量时，应断开被测支路，将万用表红、黑表笔串接在被断开的两点之间，并注意被测电量极性。

当选取用直流电流的 2.5A 挡时，万用表红表笔应插在 2.5A 测量插孔内，量程开关可以置于直流电流挡的任意量程上。

若估计被测的直流电流大于 2.5A，则可将 2.5A 挡扩展为 5A 挡。即在"2.5A"插孔和黑表笔插孔之间接入一支 0.24Ω

的电阻，这样该挡位就变成了 5A 电流挡。接入的 0.24Ω 电阻应选取用 2W 以上的线绕电阻，如果功率太小会使之烧毁。

使用万用表测量直流高压电路时，首先应了解电路的正负极。如果事先不知道，则应选择高于被测电压数倍的量程进行判断测量，即将两只表笔快接快离。如果指针正转说明接线正确，否则，应调换表笔。

第十节　兆欧表操作及使用

一、手摇式兆欧表

兆欧表又叫摇表，也称为绝缘电阻测试仪，是一种简便、常用的测量高电阻的直读式仪表，可用来测量电路、电动机绕组、变压器绕组、电缆、电气设备等的绝缘电阻。

手摇式兆欧表主要由手摇直流发电机、磁电系比率表以及测量线路组成，兆欧表组成及工作原理如图 3-17 所示，手摇式

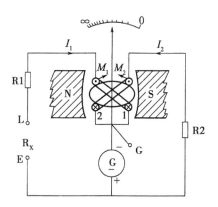

图 3-17　兆欧表组成及工作原理

兆欧表如图 3-18 所示，手摇直流发电机的额定电压主要有 500V、1 000V、2 500V 等几种。兆欧表主要是根据所测设备的电压和应测量的范围来选择。一般选择原则是额定电压 500V 及以

下的电气设备一般选用 500 ~ 1 000V 的兆欧表，500V 以上的电气设备选用 2 500V 兆欧表，高压设备选用 2 500 ~ 5 000V 兆欧表。

图 3-18　手摇式兆欧表

二、使用前准备

（1）必须切断被测设备电源，并对地短路放电，不允许在设备带电的情况下进行测量。

（2）对那些可能感应出高电压的设备，必须消除这种可能性后，才能进行测量。

（3）注意被测物表面需保持清洁，减小表面电阻，确保测量结果的正确性。

（4）应检查兆欧表是否处于正常状态，主要检查其"0"和"∞"两点。即摇动手柄，使发电机达到额定转速，在短路兆欧表时指针应指在"0"位置，而开路时指针应指在"∞"位置。

（5）注意平稳、牢固地放置兆欧表，且远离较大电流导体及强磁场。

三、正确测量

在测量时，要注意兆欧表的正确接线，否则，将引起不必要的误差。兆欧表有 3 个接线柱：一个为"L"，即线端；一个为"E"，即地端；另一个为"G"，即屏蔽端（也叫保护环）。一般被测绝缘物体接在"L""E"之间，但当被测绝缘体表面严重漏电时，必须将被测物的屏蔽端或不需测量的部分与"G"端相连接。这样漏电流就经由"G"端直接流回发电机的负端形成回路，而不再流过兆欧表的测量机构（流比计）。从根本上消除了表面漏电流的影响，特别应该注意的是测量电缆线芯和外表之间的绝缘电阻时，一定要接好"G"端。因为当空气湿度大或电缆绝缘表面有污物时，其漏电流将很大，为防止被测物因漏电而对其内部绝缘测量所造成的影响，一般在电缆外表加一个金属屏蔽环，与兆欧表的"G"端相连。

　　用兆欧表测量电器设备的绝缘电阻时，一定要注意"L"端和"E"端不能接反。正确的接法是"L"端接被测设备导体，"E"端与接地的设备外壳相连，"G"端接被测设备的绝缘部分。如果接反了"L"和"E"端，流过绝缘体内及表面的漏电流经外壳汇集到地，由地经"L"流进比率表，使"G"失去屏蔽作用而给测量带来较大误差。另外，因为"E"端内部引线同外壳的绝缘程度低于"L"端与外壳的绝缘程度，将兆欧表放在地上，采用正确的接线方式时，"E"端对仪表外壳和外壳对地的绝缘电阻相当于短路，不会造成测量误差；而当"L"与"E"接反时，"E"对地的绝缘电阻就会与被测绝缘电阻并联，使测量结果偏小，造成较大的误差。

第四章 电工识图

第一节 常用图形符号

照明平面图除表示照明线路的导线规格型号、导线根数、穿管管径、敷设方式、敷设位置等外，还要表示各种照明灯具及其附件的数量、型号、安装方式和安装位置。

电气照明平面图的特点是：采用图形符号加文字标注的方法表达电气照明导线和灯具的规格、数量、安装位置、安装方式等。表4-1列出照明平面图常用图形符号。

表 4-1 照明平面图常用图形符号

线路一般符号 线路		沿建筑物明敷 通信	
地下线路		钢索线路	
架空线		事故照明线	
管道线		50V 以下电力 及照明线路	
沿建筑物暗敷 通信线路		保护线	
中性线		单相插座	
保护线中性线 共用		暗装单相插座	
三相五线线路		暗装密闭单相 插座	
向上配线		带保护触点的 单相插座	

（续表）

向下配线		暗装带保护触点的单相插座	
垂直通过配线		带接地孔密闭单相插座	
通讯电缆蛇形敷设		暗装带接地孔密闭单相插座	
穿线盒或分线盒		带接地孔的三相插座	
电缆直通接线盒		密闭单相插座	
电缆分线盒		电视天线插座	
电缆气闭绝缘套管		插座箱（板）	
电缆平衡套管		单极开关	
电缆直通套管		密闭单极开关	
电缆交叉套管		单极拉线开关	
双控开关		防水防尘灯	
双控拉线开关		防爆灯	
暗装单极开关		单管日光灯	
防爆单极开关		一管日光灯	
双极开关		多管日光灯	
暗装双极开关		防爆日光灯	
灯具一般符号		照明配电箱	
天棚灯		电力配电箱	

（续表）

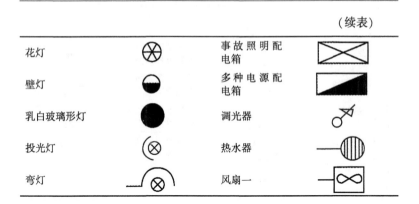

花灯	⊕	事故照明配电箱	
壁灯		多种电源配电箱	
乳白玻璃形灯		调光器	
投光灯	⊗	热水器	
弯灯		风扇一	

第二节　照明线路表示方法

照明线路在平面图上是用图线加文字标注的方法表示线路的用途、敷设方式、敷设部位、导线型号、导线截面、导线根数、穿管管径等。

（一）用图形符号表示照明线路

线路的图形符号使用 GB 4728 中规定的符号。

（二）用文字符号表示线路敷设方式

照明线路的敷设方式有明敷和暗敷两类，每一类中还有线槽、管子、瓷瓶等多种敷设方式。线路敷设方式的文字符号如表 4-2 所示。

表 4-2　线路敷设方式

敷设方式	旧符号	新符号	敷设方式	旧符号	新符号
明敷	M	E	钢索敷设	S	M
暗敷	A	C	金属线槽		MR
铝皮线卡	QD	AL	电线管	DG	T
电缆桥架		CT	塑料管	SG	P
金属软管		F	塑料线卡		PL

（续表）

敷设方式	旧符号	新符号	敷设方式	旧符号	新符号
水煤气管	G	G	塑料线槽	PR	
瓷绝缘子	CP	K	钢管	GG	S

（三）用文字符号表示线路敷设部位

线路敷设部位的文字符号，旧符号是用汉语拼音字母表示，新符号改用英文字母表示。线路敷设部位的文字符号如表4-3所示。

表4-3　线路敷设部位的文字符号

敷设方式	旧符号	新符号	敷设方式	旧符号	新符号
沿梁	L	B	沿顶棚	P	CE
沿柱	Z	C	沿地板	D	F
沿构架		R	沿吊顶		SC
沿墙	Q	W			

在同一敷设部位，采用的敷设方式有明敷和暗敷两类。在照明平面图中，常将敷设部位的文字符号写在前边，明敷或暗敷的文字符号写在后边加以区别。如沿墙明敷表示为 WE，埋地暗敷表示为 FC。

（四）用文字符号表示线路的用途

线路用途的文字符号如表4-4所示。

表4-4　线路用途的文字符号

线路名称	控制线路	直流线路	电话线路	广播线路	照明线路	电力线路	电视线路	插座线路
文字符号	WC	WD	WF	WS	WL	WP	WV	WX

在一般照明图中，线路的用途清楚，无须标注。只有在同一图纸中出现多种不同用途的线路时，才需加以标注。

第三节　照明灯具及其附件表示方法

照明灯具及其附件常见的表示方法有：

（一）用图形符号表示照明灯具及其附件

照明灯具及其附件的图形符号，使用 CB 4728 中的规定符号。

（二）用文字符号表示电光源的种类

常用电光源的文字符号如表4-5所示。

表4-5　常用电光源的文字符号

光源种类	白炽灯	荧光灯	汞灯	碘钨灯	钠灯	氙灯	氖灯
符号	IN	FL	Hg	I	Na	Xe	Ne

（三）用文字符号表示灯具的安装方式

照明灯具安装的文字符号如表4-6所示。

表4-6　照明灯具安装的文字符号

安装方式	线吊安装	链吊安装	管吊安装	吸壁安装	嵌入安装
符号	WP	C	P	W	R

第五章　电线连接操作技能

第一节　单股铜电线的直线连接

通常把截面 $10mm^2$ 以下的电线称为独股线，单股铜电线的直线连接步骤如下。

（1）把两线线头的芯线呈 "X" 形相交（两线剥缘层约 10cm），如图 5-1（a）所示，再互相绞合 2~3 圈，如图 5-1（b）所示。

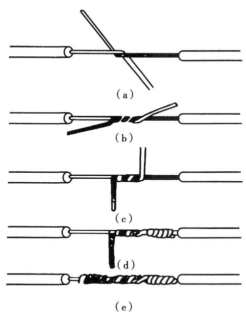

（a）

（b）

（c）

（d）

（e）

图 5-1　单股铜导线的直线连接步骤示意

（2）然后扳直两线头，如图 5-1（c）所示。

（3）将每个线头在芯线上紧贴并绕 6 圈，如图 5-1（d）、图 5-1（e）所示，用平口钳切余下的芯线，并钳平芯线的末端。

大截面单股铜导线连接方法如图 5-2 所示，先在两导线的芯线重叠处填入一根相同直径的芯线，再用一根截面约 1.5mm 的裸铜线在其上紧密缠绕，缠绕长度为导线直径的 10 倍左右，然后将被连接导线的芯线线头分别折回，再将两端的缠绕裸铜线继续缠绕 5~6 圈后剪去多余线头即可。

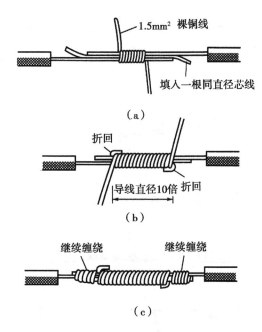

图 5-2 大截面单股铜导线连接方法

不同截面单股铜导线连接方法如图 5-3 所示，先将细导线的芯线在粗导线的芯线上紧密缠绕 5~6 圈，然后将粗导线芯线的线头折回紧压在缠绕层上，再用细导线芯线在其上继续缠绕

3~4 圈后剪去多余线头即可。

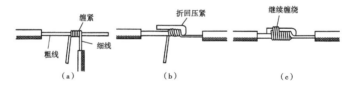

图 5-3　不同截面单股铜导线连接方法

第二节　单股铜芯电线的"T"字形连接

单股铜芯电线的"T"字形连接的两种方法如下。

方法 1：将支路芯线的线头与干线芯线十字相交，使支路芯线根部留出 2~5mm，然后按顺时针方向绕支路芯线，缠绕 6~8 圈后，用钳切去余下的芯线，并钳平芯线末端，如图 5-4（a）、图 5-4（b）所示。

方法 2：较小截面芯线可先环绕成结状，然后再把支路芯线线头抽紧扳直，紧密地缠绕 6 圈，剪去多余芯线，钳平切口毛刺（干路剥绝缘层 3~5cm，支路 10cm），如图 5-4（c）所示。

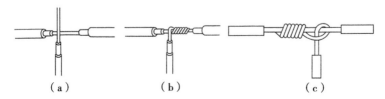

图 5-4　单股铜芯导线的 T 字形连接示意

第三节　照明线路的安装与检修

一、照明的概念

自从 19 世纪初电能开始用于照明后，相继出现了钨丝白炽

灯、荧光灯、高压汞灯、高压钠灯、金属卤化物灯等。近年来
气体放电灯发展相当快，一些光效高、功率大、光色好、寿命
长的新光源不断问世。表5-1所示是常用照明灯的特点和使用
场所。

根据实际需要，通常照明可分为以下几类。

（1）一般照明。无特殊要求，照度基本是均匀分布的照明
称为一般照明。如走廊、教室、办公室等均属于一般照明。

（2）局部照明。一般只局限于某部位、对光线有方向要求
的照明称为局部照明。如机床上的工作灯、写字台上的台灯等
属于局部照明。

表5-1　常用照明灯的特点和使用场所

种类	特点	使用场所
白炽灯	①构造简单，使用可靠，装修方便；②光效低，寿命短	各种场所
荧光灯	①光效较高，寿命较长；②附件较多，价格较高	办公室、会议室、住宅
碘钨灯	①光效高，构造简单，安装方便；②灯管表面温度较高	广场、工地、田间作业、土建工程
节能灯	①光效高，节能节电，安装方便；②价格较高	宾馆、展览馆及住宅
高压汞灯	①光效高，耐震，耐热；②功率因数低	街道、大型车站、港口、仓库、广场
高压钠灯	①光效高，省电；②透雾能力强	街道、港口、码头及机场
钠铊铟金属卤化物灯	①光效高，发光体小；②电压波动不大于5%	车站、码头、广场
彩色金属卤化物灯	①光效高，发光体小；②电压波动不大于5%	宾馆、商店、建筑物外墙以及需彩色立体照明的场所

（3）混合照明。由一般照明和局部照明共同组成的照明称
混合照明。如工厂里的车间，除了对车间大面积均匀布光外，
还对生产机械作局部照明，两种方式同时使用，即混合照明。

此外，按照明的性质来分，还可以分为正常照明、事故照明、值班照明、警卫照明、障碍照明等类型。

电气照明应注意以下问题：应使各种场合下的照度达到规定的标准；空间亮度应合理分布；照明灯应实用、经济、安全，便于施工和便于维修，并使照明灯的光色、灯具外形结构与建筑物相协调。

二、白炽灯照明电路

白炽灯是利用电流流过高熔点钨丝，使其发热到白炽程度而发光的电光源。白炽灯有插口式和螺口式两种，其结构如图 5-5 所示。其规格以功率标称，由 15W 到 1 000W 不等。白炽灯发光效率较低，寿命约为 1 000h。

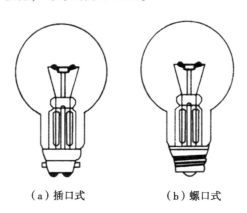

（a）插口式　　　　（b）螺口式

图 5-5　白炽灯

白炽灯照明电路比较简单，只要将白炽灯与开关串联后并接到电源上即可。照明灯电路电源一般都是来自供电系统的低压配电线路上的一根相线和一根中性线，为 220V 50Hz 的正弦交流电。图 5-6 所示即为白炽灯照明电路。

在安装时要注意以下 3 点。

（1）电源的相线应与开关 S_1 的铜片相连的接线柱连接。

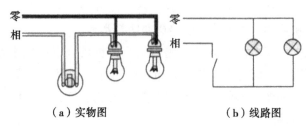

（a）实物图　　　　　　　　（b）线路图

图5-6　白炽灯照明电路

（2）开关 S$_2$ 用铜片相连的接线柱应与灯座相连接，灯座的另一接线柱应与电源的中性线连接。

（3）两个双联开关中的两个独立的接线柱应分别连接。

白炽灯照明虽然光效不高，但是它价格低廉、安装方便，所以仍被广泛使用。使用白炽灯时，要注意灯泡的额定电压与供电电压一致。若误将额定电压低的灯泡接入高电压电路，就会烧坏灯泡，如将 36V 低压灯泡接在 220V 电路时，灯泡就烧坏。反之，灯泡则不能正常发光。另外，在装螺口灯泡时，相线必须经开关接到螺口灯座的中心接线端上，以防触电。

三、日光灯照明电路

日光灯又称荧光灯，是一种应用比较普遍的电光源。它具有照度大、耐用省电、光线散布均匀、灯管表面温度低、使用寿命长等优点。

（一）日光灯的组成

日光灯由灯管、启辉器、镇流器、灯架和灯座等组成，如图5-7所示。

（1）灯管。灯管由玻璃管、灯丝和灯头等组成，如图 5-8 所示。玻璃管内壁均匀地涂敷一层卤磷酸钙荧光粉，管内空气抽空，并充入少量的惰性气体和微量的液态汞。灯管两端装有螺旋状钨灯丝，灯丝上涂有一层易发射电子的三元碳酸盐，受

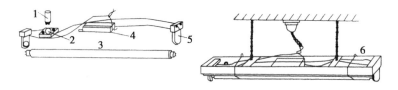

图 5-7　日光灯的组成

1. 启辉器；2. 启辉器座；3. 灯管；4. 镇流器；5. 灯座；6. 灯架

热后会发射电子，在灯管内形成持续的导电气体。

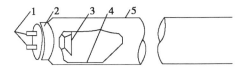

图 5-8　灯管的结构

1. 灯脚；2. 灯头；3. 灯丝；4. 荧光粉；5. 玻璃管

（2）启辉器。启辉器由氖泡、小电容、出线脚和外壳构成。氖泡是一个充满惰性气体的玻璃泡，内装有 U 形双金属片、动触片和静触片。氖泡两端并联一个小电容，其容量一般在 0.005~0.01μF。电容有两个作用：其一是消除附近无线电设备的干扰；其二是与镇流器形成一个振荡电路，可延长灯丝预热时间和脉冲电势，从而有利于灯管的启辉。启辉器有多种规格，如 4~8W，15~20W，30~40W，以及通用型 4~40W 等多种。启辉器的构造及图形符号如图 5-9 所示。

（3）镇流器。日光灯镇流器由铁心和线圈组成。镇流器的主要作用是限制通过灯管的电流，以及产生脉冲电势，使日光灯迅速点亮。常用的规格有交流 220V、频率 50Hz 的 6W，8W，20W，30W，40W，100W 等多种，可与相应规格的灯管配套使用。日光灯镇流器的外形及图形符号如图 5-10 所示。

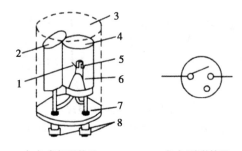

（a）启辉器构造　　　　（b）图形符号

图 5-9　启辉器的构造

1. 静触片；2. 电容；3. 铝壳；4. 玻璃泡；5. 动触片；

6. 钠化物；7. 绝缘底座；8. 插头

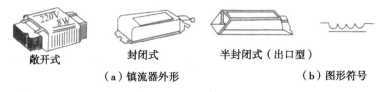

敞开式　　　　封闭式　　　半封闭式（出口型）

（a）镇流器外形　　　　　　　　（b）图形符号

图 5-10　日光灯镇流器外形及图形符号

（4）灯架。目前日光灯灯架主要是用铁皮、塑料制成，而且品种繁多，选用时应注意与灯管长度配套。

（5）灯座。灯管在装配时应选用专用日光灯灯座。

（二）日光灯的工作原理

日光灯的工作原理如图 5-11 所示。

（1）日光灯的点燃过程。

①闭合开关，电压加在启动器两脚间，氖泡内氖气放电发出辉光，产生的热量使"U"形动触片膨胀伸长，跟静触片接触使电路接通，灯丝和镇流器中有电流通过。

②电路接通后，启动器中的氖气停止放电，氖泡温度下降，

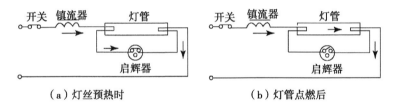

（a）灯丝预热时　　　　　　　　（b）灯管点燃后

图5-11　日光灯电路

"U"形片冷却收缩，两个触片分离，电路自动断开。

③在电路突然断开的瞬间，由于镇流器电流急剧减小，会产生很高的自感电动势，方向与电源电动势方向相同，这个自感电动势与电源电压加在一起，形成一个瞬时高压，使灯管中的氩气电离放电。放电后管内温度升高，液态汞就汽化游离，引起汞蒸气弧光放电而发出肉眼看不见的紫外线，紫外线激发灯管内壁的荧光粉后，发出近似日光的灯光。

（2）日光灯正常发光。日光灯开始发光后，由于交变电流通过镇流器线圈，线圈中会产生自感电动势。它总是障碍电流变化的，即镇流器起着降压限流的作用，保证日光灯正常发光。

四、日光灯常见故障及排除方法

日光灯常见故障及排除方法如表5-2所示。

表5-2　日光灯常见故障的可能原因及排除方法

故障现象	产生故障的可能原因	排除方法
灯管不发光	①停电或保险丝烧断导致无电源 ②灯座触点接触不良或电路线头松散 ③启辉器损坏或与基座触点接触不良 ④镇流器绕组或管内灯丝断裂或脱落	①找出断电原因，检修好故障后恢复送电 ②重新安装灯管或连接松散线头 ③旋动启辉器看是否损坏，再检查线头是否脱落 ④用欧姆表检测绕组和灯丝是否开路

（续表）

故障现象	产生故障的可能原因	排除方法
灯丝两端发亮	启辉器接触不良，或内部小电容击穿，或基座线头脱落，或启辉器已损坏	按上一个故障现象的排除方法"3"检查，若启辉器内部电容击穿，可剪去继续使用
启辉困难（灯管两端不断闪烁，中间不亮）	①启辉器不配套 ②电源电压太低 ③环境温度太低 ④镇流器不配套，启辉器电流过小 ⑤灯管老化	①换配套启辉器 ②调整电压或降低线损，使电压保持在额定值 ③对灯管热敷（注意安全） ④换配套镇流器 ⑤更换灯管
灯光闪烁或管内有螺旋形滚动光带	①启辉器或镇流器连接不良 ②镇流器不配套（工作电压过大） ③新灯管暂时现象 ④灯管质量差	①接好连接点 ②换上配套镇流器 ③使用一段时间，会自行消失 ④更换灯管
镇流器过热	①镇流器质量差 ②启辉系统不良，镇流器负担加重 ③镇流器不配套 ④电源电压过高	①温度超过65℃应更换镇流器 ②排除启辉系统故障 ③换配套镇流器 ④调低电压至额定工作电压
镇流器异声	①铁心叠片松动 ②铁心硅钢片质量差 ③绕组内部短路（伴承受过热现象） ④电源电压过高	①紧固铁心 ②换硅钢片或整个镇流器 ③换绕组或整个镇流器 ④调低电压至额定工作电压
灯管两端发黑	①灯管老化 ②启辉不佳 ③电压过高 ④镇流器不配套	①更换灯管 ②排除启辉系统故障 ③调低电压至额定工作电压 ④换配套镇流器
灯管光通量下降	①灯管老化 ②电压过低 ③灯管处于冷风吹位置	①更换灯管 ②调整电压，缩短电源线路 ③采取遮风措施
开灯后灯管马上被烧毁	①电压过高 ②镇流器短路	①检查电压过高原因并排除 ②更换镇流器
断电后灯管仍发微光	①荧光粉余辉特性 ②开关接到了零线上	①过一会将自行消失 ②将开关改接至相线上

第六章 电线连接质量通病及绝缘层恢复操作技能

第一节 电线连接质量通病分析及预防措施

（1）电线连接的质量通病有剥除绝缘层时损伤线芯；焊接时，焊料不饱满，接头不牢固；多股电线连接设备、器具时未用接线端子，压接头松动。

（2）引起电线连接的质量通病的原因有用刀刃切割电线绝缘层伤及线芯，电线焊接时，清理表面不彻底，焊接不饱满，表面无光泽，电线和设备、器具压按时，压得不紧，不加弹簧垫。

（3）预防电线连接质量通病的措施有剥切电线塑料绝缘层时，应用专用剥线钳，剥切橡皮绝缘层时，刀刃禁止直角切割，要以斜角剥切；多股电线与设备、器具连接时，必须压接线鼻子，而且压接时必须加弹簧垫，所有电气用的连接螺栓、弹簧垫圈必须镀锌处理，不允许将多股线自身缠圈压接。

第二节 电线绝缘层的恢复

一、单股铜电线接头的恢复方法

一字形连接的电线接头绝缘恢复方法如图 6-1 所示，先包缠一层黄蜡带，再包缠一层黑胶布带。将黄蜡带从接头左边绝缘完好的绝缘层上开始包缠，包缠两圈后进入剥除了绝缘层的芯线部分，如图 6-1（a）所示。包缠时黄蜡带应与电线呈 55°左右倾斜角，每圈压叠带宽的 1/2，如图 6-1（b）所示，直至包缠到接头右边两圈距离的完好绝缘层处。然后将黑胶布带接在黄蜡带的尾端，按另一斜叠方向从右向左包缠，如图 6-1（c）、图 6-1（d）所示，仍每圈压叠带宽的 1/2，直至将黄蜡带完全包缠住。包缠处理中应用力拉紧胶带，不可稀疏，更不能露出芯线，以确保绝缘质量和用电安全。对于 220V 线路，也可不用黄蜡带，只用黑胶布带或塑料胶带包缠两层。在潮湿场所应使用聚氯乙烯绝缘胶带或涤纶绝缘胶带。

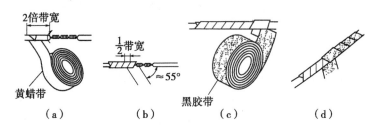

图 6-1　一字形连接的导线接头绝缘恢复方法

二、多股铜电线接头的绝缘恢复方法

电线绝缘层被破坏或电线连接以后，必须恢复其绝缘性能。恢复后的绝缘强度不应低于原有绝缘层。首先用橡胶绝缘带从电线接头处始端的完好绝缘层开始，缠绕 1~2 个绝缘带宽度，再以半幅宽度重叠进行缠绕。在包扎过程中应尽可能地收紧绝缘带（一般将橡胶绝缘带拉长 2 倍后再进行缠绕）。而后在绝缘层上缠绕 1~2 圈后进行回缠，最后用胶布包扎，包扎时要搭接好，以半幅宽度边压边进行缠绕。绝缘带的包扎方法如图 6-2所示。

三、电线丁字、十字分支接头的绝缘恢复方法

在对导线的丁字分支接头的绝缘处理时，其绝缘胶带的包缠方向如图 6-3 所示，走一个丁字形的来回，使每根电线上都

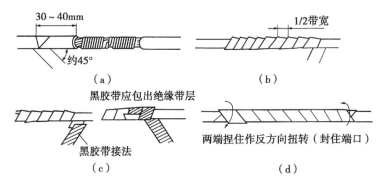

图 6-2　多股铜导线接头的绝缘恢复方法

包缠两层绝缘胶带，每根电线都应包缠到完好绝缘层的两倍胶带宽度处。

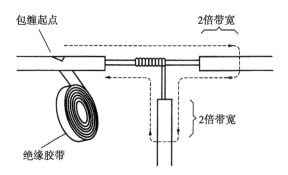

图 6-3　导线丁字分支接头的绝缘恢复方法

在对导线的十字分支接头进行绝缘处理时，其绝缘胶带的包缠方向如图 6-4 所示，走一个十字形的来回，使每根导线上都包缠两层绝缘胶带，每根导线也都应包缠到完好绝缘层的两倍胶带宽度处。

在恢复电线绝缘时，应注意以下事项。

（1）在 380V 线路上恢复电线绝缘时，必须先包扎 1~2 层黄蜡带，然后再包扎 1 层黑胶布。

（2）在 220V 线路上恢复电线绝缘时，先包扎 1 层黄蜡带，然后再包 1 层黑胶布，或者只包 2 层黑胶布。

（3）绝缘带包扎时，各层之间应紧密相接，不能稀疏，更不能露出芯线。

（4）存放绝缘带时，不可放在温度很高的地方，也不可被油类浸蚀。

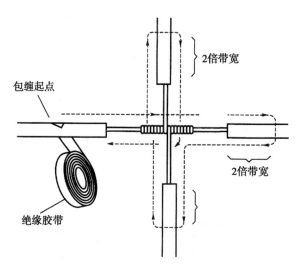

图 6-4　导线的十字分支接头的绝缘恢复方法

第七章　变压器运行与维护操作

第一节　变压器运行检查

一、变压器投运前检查及操作

（一）变压器外观检查

（1）检查油枕上的油位计是否完好，油位是否清晰且在与环境温度相符的油位线上，不能过高或过低。过高，在变压器投入运行带上负荷后，油温上升，油膨胀，很可能使油从油枕顶部的呼吸器连通管处溢出；过低，则在冬季轻负荷或短时期内停运时，很可能使油位下降至油位计看不到的位置。

（2）检查盖板、套管、油位计、排油阀等处是否密封良好，有无渗漏油现象。否则，当变压器带上负荷后，在热状态下，会发生更严重的渗漏现象。

（3）检查防爆管（安全气道）的防爆膜是否完好。

（4）检查呼吸器的吸潮剂是否失效。

（5）检查变压器的外壳接地是否牢固可靠，因为它对变压器起着直接的保护作用。

（6）检查变压器一、二次出线套管及它与导线的连接是否良好，相色是否正确。

（7）检查变压器上的铭牌与所要求选择的变压器规格是否相符。例如，各侧电压等级、变压器的接线组别、变压器的容量及分接开关位置等。

(二) 摇测变压器绝缘

用 1 000~2 500V 兆欧表测量变压器的一、二次绕组对地绝缘电阻（测量时非被测绕组接地），以及一、二次绕组间的绝缘电阻，并记录摇测时的环境温度，绝缘电阻的允许值没有硬性规定，但应与历史情况或原始数据相比较，不低于出厂值的70%（当被试变压器的温度与制造厂试验时的温度不同时，应换算到同一温度进行比较），但最低值不能低于 25~130MΩ。

(三) 测量绕组连同套管的直流电阻

根据国家标准《电气装置安装工程电气设备交接试验标准》第 6.0.2 条的有关规定，变压器各相直流电阻的相互差值应小于平均值的 4%，线间直流电阻的相互差值应小于平均值的 2%。

由于变压器结构等原因，直流电阻的相互差值不能满足上述要求时，可与同温度下产品出厂实测数值比较，相应变化不大于 2%，也属正常。测量变压器直流电阻时应注意两点。

(1) 表笔应接触良好，以表针稳定不动值为准。

(2) 测量前后注意放电。

(四) 保护的检查

对于一、二次采用熔丝保护的变压器，在送电投运前，必须检查所用的熔丝规格是否与规定的数值相符合，因为熔丝作为变压器的一、二次出线套管，二次配线和变压器内部的短路保护，所以熔丝选择过大，将不会起到保护的作用。例如，当二次出线套管短路时，如果熔丝不熔断，则变压器会被烧毁；反之，熔丝若选择过小，则在正常运行情况下，例如，在额定负荷或允许的过负荷情况下熔丝熔断，就会造成对用户供电的中断，此时若三相熔丝只熔断一相，则对用户造成的危害更大，因为用户的三相动力负荷，如电动机长时间处于两相受电运行，会产生过热而被烧毁。一次熔丝选用的标准通常是变压器一次

额定电流的 1.5~2 倍。二次熔丝的选用标准通常是变压器二次
额定电流。

二、变压器停送电的操作

1. 变压器冲击合闸试验

对变压器进行冲击合闸试验的目的如下。

（1）在拉开空载变压器时，有可能产生操作过电压。在电
力系统中性点不接地或经消弧线圈接地时，过电压幅值可达 4~
4.5 倍相电压；在中性点直接接地时，可达 3 倍相电压。为了检
查变压器绝缘强度能否承受安全电压或操作过电压，需作冲击
试验。

（2）带电投入空载变压器时，会产生励磁涌流，其值可达
6~8 倍额定电流。励磁涌流开始衰减较快，一般经 0.5~1s 即减
到 0.25~0.5 倍额定电流值，但全部衰减时间较长，大容量的变
压器可达几十秒。由于励磁涌流产生很大的电动力，为了考核
变压器的机械强度，同时考核励磁涌流衰减初期能否造成继电
保护装置误动作，需要冲击试验。

通常，对新装的变压器应进行 5 次冲击试验，大修的变压
器则进行 3 次。

2. 变压器停送电的操作

变压器停送电的操作顺序是停电时先停负荷侧，后停电源
侧，送电时与上述顺序相反。原因如下。

（1）在多电源的情况下，先停负荷侧可有效地防止变压器
反充电。如果先停电源侧，遇有故障时可能造成保护装置误动
或拒动，延长故障切除时间，并可能扩大故障范围。

（2）当负荷侧母线电压互感器带有低周减载装置而未装电
流闭锁装置时，一旦先停电源侧，由于负荷中大型同步电动机
的反馈，低周减载装置可能误动作。

（3）从电源侧逐级向负荷侧送电，如有故障，便于确定故障范围，及时作出判断和处理，可避免故障扩大。

三、变压器运行中检查

（一）运行中变压器的巡视检查

变压器在运行中常常会因运行维护不当造成设备事故，如果运行人员定期通过"看、听、闻"手段对设备进行巡视检查，可以及时发现设备缺陷，从而把设备故障处理在萌芽状态，避免出现设备事故。

1. "看"主要为观察变压器的外观

（1）看油位计。油位应在油标刻度的 1/4 ~ 3/4 以内（气温高时，油面在上限侧；气温低时，油面在下限侧），油面应符合周围温度的标准线，如油面过低，应检查变压器是否漏油等。油面过高应检查冷却装置的使用情况，是否有内部故障。若漏油应停电检修，若不漏油应加油至规定油位。加油时，应注意油标刻度上标出的温度值，根据当时气温，把油加至适当位置。检查油质，应为透明、微带黄色，由此可判断油质的好坏。

（2）看变压器的套管。看套管表面是否清洁，有无裂纹、碰伤和放电痕迹。表面清洁是套管保持绝缘强度的先决条件。当套管表面沉积有灰尘、煤灰及盐雾时，遇到阴雨天或雾天，便会沾上水分容易引起套管闪络放电，因此应定期予以清扫。套管由于碰撞或放电等原因产生裂纹伤痕，也会使绝缘强度下降，造成放电。因此，对有裂纹或碰伤的套管应及时更换。

（3）看变压器的箱体外表。主要看变压器在运行中是否渗漏油。一是由于配变箱体的焊接缺陷造成油渗漏，可采取环氧树脂黏合剂堵塞。二是由于长期运行造成密封垫圈老化，引起渗漏，应更换密封垫圈。特别是低压侧出线套管，往往由于接线端接触不良、过负荷等原因造成过热，使密封垫变质，起不到密封作用，导致漏油。

（4）看呼吸器。对于装有呼吸器的变压器，正常情况下呼吸器内硅胶为白色或蓝色，吸湿饱和后颜色变为黄色或红色，此时应更换呼吸器内的硅胶。

（5）看接地装置。变压器运行时，它的外壳接地、中性点接地、防雷接地的接地线应接在一起，共同完好接地。检查中若发现导体锈蚀严重甚至断股、断线，应做相应处理，否则，会造成电压偏移，使三相输出电压不平衡，严重时造成用户电器烧坏。

2."听"主要听变压器运行时有无异常声响

变压器正常运行时会发出连续不断的比较均匀的"嗡嗡"声，这是在交变磁通作用下，铁芯和线圈振动造成的。如果产生不均匀响声或其他响声都属于不正常现象。

（1）声音比平常增大且均衡。可能是变压器过负荷，此时应监视变压器的温升和温度，必要时调整负荷，使在额定状态下运行。也可能是电网发生过电压，如电网出现单相接地或铁磁谐振，此时参考电压表与电流表指示，可根据具体情况改变电网的运行方式。

（2）声音出现不均匀杂声。变压器内部个别零件松动，如夹件或压紧铁芯的螺钉松动时使硅钢片振动加剧，造成内部传出不均匀的噪声。这种情况时间长将会破坏硅钢片的绝缘膜，容易引起铁芯局部过热。若此现象不断加强，应停用检修。

（3）出现放电的"吱吱"声。可能是变压器内部或外部套管发生表面局部放电造成。如果是套管的问题，在夜间或阴雨天时，可看到套管附近有电晕辉光或蓝色、紫色的小火花，这说明套管瓷件污秽严重或线夹接触不良，应清除套管表面的脏污及使线夹接触良好。若放电声来自变压器内部，可用绝缘棒接触变压器外壳，用耳朵借助绝缘棒听内部声音，如听到内部有"吱吱"声或"噼啪"声,可能是绕组或引出线对外壳闪络放电;铁芯接地线断开造成铁芯感应的高电压对外壳放电或分接开关接触不良放电造成,此时应及时检修。

(4)出现"水"的沸腾声。可能是绕组发生短路故障,造成严重发热。另外,可能是分接开关因接触不良而局部点有严重过热所致。这种异常现象比较严重,应立即停止变压器运行,进行检修。

3. "闻"主要是闻有无异味

当变压器内部发生严重故障时,油温剧烈上升,同时分解出大量的气体,使油位急剧上升,甚至从油枕中流出,此时应立即停止变压器运行,打开油枕盖,闻一闻内部气味,若有明显烧焦气味,则说明内部可能绕组出现故障,需停电检修。

通过"看、听、闻"对变压器进行巡视检查是作为现场的初步判断,可以及时防止变压器故障的扩展,避免设备的损坏。变压器的内部故障不仅是单一方面的直观反映,它涉及诸多方面,有时甚至会出现假象。因此,必须进一步进行测量并作综合分析,才能准确可靠地找出故障原因,从而提出合理的处理办法,以保证变压器安全稳定运行。

(二)变压器在特殊条件下运行的巡视检查项目

当变压器在特殊条件下运行时,应对其进行特殊巡视检查,检查内容包括以下各项。

(1)在过负荷情况下,应监视负荷、油温和油位的变化,各连接点接触应良好,示温蜡片应无熔化现象,冷却系统应运行正常。

(2)在大风天气时,应注意引线的松紧、摆动情况,以及变压器、引线上有无异物搭挂。检查引线有无剧烈摆动,变压器顶盖、套管引线处应无杂物。

（3）在雷雨天气时，应着重检查瓷套管有无放电闪络现象，避雷器的放电记录器运行情况。

（4）在大雾天气时，应检查瓷套管有无放电闪络现象，尤其应注意已污秽的瓷质部分。

（5）在下雪天气时，应根据积雪融化情况检查连接点是否有发热部位，并及时处理积雪和冰凌。各连接点在落雪后，不应立即熔化或有放电现象。

（6）在大短路故障后，应检查有关设备和连接点有无异状。

（7）在瓦斯继电器发生警报信号后，应仔细检查变压器的外部情况。

四、变压器分接开关操作

1. 变压器分接开关的作用

电压过高或过低对用电设备都会产生不利影响，而电力系统的电压是随运行方式和负荷的增减而变动的。因此，通常在变压器上安装分接开关，根据系统电压的变动进行适当调整，从而使送到用电设备上的电压保持相对稳定。

分接开关也叫调压开关，通常有无载调压和有载调压两种。无载调压开关多为 3 挡，大型变压器有 5 挡或更多。配电变压器通常采用无载调压开关，在切换无载调压开关时，应首先将变压器从高、低压电网中退出运行，再进行切换操作。由于分接开关的接触部分在运行中可能烧蚀，或者长期浸入油中产生氧化膜造成接触不良，所以在切换之后还应测量各相的电阻。

2. 变压器有载调压开关组成及投运前检查

有载调压开关是一种能在励磁状态下变换分接位置的电器装置，有载调压开关的调压原理是在变压器绕组中引出若干分接头后，通过它在不中断负载电流的情况下，由一个分接头切换到另一个分接头，来改变有效匝数，即改变变压器的电压比，从而实现调压的目的。变压器有载调压开关在切换过程中必须满足以下基本条件。

（1）保证电流是连续的。

（2）保证不发生间接短路。

变压器有载调压开关可分为筒式和柜式等形式，总体结构可分为控制部分、传动部分、开关部分3部分。有载调压开关投运前应检查的项目如下。

（1）应对油枕进行检查，其油位应正常，应无渗漏油，控制箱防潮要良好。手动操作一个循环（由1→N和由N→1），位置继电器、行程指示器、计数器的指示正确无误，极限位置的闭锁应可靠，手动与电动控制的连锁应可靠。

（2）有载调压开关的瓦斯保护，重瓦斯投入跳闸，轻瓦斯发信号，这跟变压器本体的瓦斯保护要求一样。检查气体继电器的脱扣功能，按动脱扣试验按钮，应能切断变压器的电源。通常称变压器本体的瓦斯继电器为"大瓦斯"，称有载调压开关的瓦斯继电器为"小瓦斯"。瓦斯继电器应安装在运行中便于安全放气的位置。新投运的有载调压开关瓦斯继电器安装后，运行人员在必要时（筒体内有气体）应适时放气。

（3）有载调压开关的电动控制应正确无误，电源可靠，各接线端子接触良好。驱动电动机运转正常，转向正确，其熔断器额定电流按电动机额定电流的2~2.5倍配置。

（4）有载调压开关的电气控制回路远方应设置电动操作按钮，安装在控制屏上，在控制室操作一个循环（由1→N和由N→1），检查电器回路各部端子接触良好，接触器动作可靠，各部指示及极限位置的电器闭锁均应正确可靠。

（5）有载调压开关的电动控制回路应设置电流闭锁装置，其整定值为主变压器额定电流的1.2倍，电流继电器返回系数大于或等于0.9。当采用自动调压时，主变控制屏上必须有动作计数器，自动电压调节器的电压互感器二次断线闭锁应正确可靠。

（6）新装或大修后的有载调压开关，应在变压器空载运行时，在主控制室用远方电动操作按钮及在变压器现场的手动设备，试操作一个循环，挡位和电压等各项指示正确，极限位置的电气闭锁可靠，方可调至调度要求的分接挡位以带负荷运行，并加强监视。

3. 变压器有载调压开关操作条件

（1）值班员根据调度下达的电压曲线及电压信号，自动调压操作，操作必须两人以上，应有专人监护。每次操作应认真检查分接头动作电压、电流变化情况（每调一挡计为一次），并做好记录。一般应尽可能在调节次数不超过 5 次条件下，把母线电压控制在合格水平。

（2）两台有载调压变压器并列运行时，允许在变压器 85% 额定负荷电流下进行分接头变换操作。但不能在单台变压器上连续进行两个分接头变换操作。需在一台变压器的一个分接头变换操作完成后，再进行另一台变压器的一个分接头变换操作。一台有载调压变压器和一台无载调压变压器并列运行前，必须把有载调压变压器的分接开关调至与无载调压分接开关相同或相近的挡位，即使两台主变压器的二次（侧）电压相同或相近。当有载调压变压器和无载调压变压器并列运行时，严禁调节分接开关。

（3）值班人员进行有载调压开关操作时，应按巡视检查要求进行，在操作前后均应注意并观察瓦斯继电器有无气泡出现。每次操作完毕后，值班人员应到现场进行外观检查和分接位置的复查，并填写"有载调压开关调整记录"。

（4）当电动操作出现"连动"（即操作一次，会出现调整一个以上分接头，俗称"滑挡"）现象时，应在主变控制屏的挡位指示器上出现第二个分接头位置后，立即按"紧急跳闸"按钮，切断驱动电动机的电源，然后在操作箱处手动操作到符合要求的分接头位置，并通知维修人员及时处理。

（5）当电压过低或过高，需要有载调压开关调节几个分接头才能达到要求时，应一挡一挡地调节，即每按一下"N+1"或"N-1"按钮，中间停顿 1min，待挡位指示器上出现新的数字时，再按一下按钮。依次重复上面的过程，一直达到最终目标。

（6）正常运行时，调压操作通过电动机构进行。每按按钮一次，只许调节一个分接头。操作时应注意电压表和电流表指示，应核对位置指示器与动作计数器的变化。有载开关每操作一挡后，应间隔一分钟以上时间，才能进行下一挡操作。

（7）有载调压装置在过负荷情况下禁止进行切换操作。

（8）有载调压开关通常不宜运行在极限挡位。当运行在极限位置上，若再进行调压，应特别注意调压方向。

4. 变压器有载调压开关运行中应注意的事项

（1）运行中有载调压开关的瓦斯继电器发出信号或分接开关油箱换油时，禁止操作并拉开电源隔离开关。

（2）运行中，有载调压开关瓦斯继电器重瓦斯保护作用于跳闸。当轻瓦斯频繁动作时，值班人员应做好记录并汇报调度，停止操作，分析原因及时处理。

（3）运行中每 6 个月应取油样进行耐压试验一次，其油耐压值不应低于 30kV/2.5mm。当油耐压在（25~30kV）/2.5mm 应停止使用自动调压控制器。若油耐压低于 25kV/2.5mm 时，应停止调压操作并及时安排换油。当有载调压开关运行 2~4 年或变换操作达 5 000 次时应换油。

（4）新有载调压开关新投运一年后或分接开关操作次数达到 5 000 次；运行 3~4 年或累计操作次数达 10 000~20 000 次，

应结合变压器大修进行吊芯检查。

（5）有载调压开关吊芯检查时，应测试过渡电阻值，应与制造厂出厂时数值一致。

5. 有载调压开关的巡视检查

（1）有载调压开关的巡视检查应与变压器的巡视检查同时进行，项目如下。

a. 电压指示应在规定范围内。

b. 装置指示器应与分接开关位置一致。

c. 切换开关油管油位、油色及吸潮器均应正常。

d. 开关箱、气体继电器无渗漏油。

（2）驱动控制箱的检查项目如下。

a. 运行人员应每月检查一次控制箱密封情况，大雨后应及时检查是否进水，驱动电动机变速盒内和扇形齿轮的润滑油应保持在油面线上，不得渗漏。

b. 驱动控制箱内，运行人员应每月清扫一次（最好使用吸尘器），重点检查，处理交流接触器、端子排的重点部分。

c. 有载调压装置控制箱在春、冬季应投入驱潮电阻。

（3）有载调压开关操作异常情况的处理。

a. 不应连动的挡位出现连动时，应按紧急脱扣按钮，断开操作电源后，立即用手柄手动摇至邻近挡位分接位置，然后向值班长及部门领导汇报，并联系人员处理。

b. 当计数器、位置指示器动作正常，而电压不随升动与降动相应变化时，值班人员可在现场电动或手动操作一挡位，并注意听切换开关的动作声响。若无声响，则为传动机构故障，此时应断开操作电源，停止切换操作，向值班调度及主管领导汇报，通知检修单位派人检修。

c. 在电动操作过程中，出现操作电压失压时，运行人员应现场操作到邻近挡的正确分接位置。

d. 当有载调压开关瓦斯继电器动作跳闸, 运行人员应按变压器事故处理程序进行操作检查, 及时报告调度和部门领导, 并联系人员检查处理, 未查明原因严禁强送。

（4）下列情况下不许调整变压器有载调压装置的分接开关。

a. 变压器过负荷运行时。

b. 有载调压装置轻瓦斯保护频繁出现信号时。

c. 有载调压装置的油标无油时。

d. 调压次数超过规定时。

e. 调压装置发生异常时。

第二节　变压器维护操作

一、变压器绕组绝缘电阻测量

变压器绝缘电阻的名称如下。

（1）高对低及地：高压绕组对低压绕组及外壳的绝缘电阻。摇测一次（侧）绕组对二次（侧）绕组及地（壳）的绝缘电阻的接线方法是将一次（侧）绕组三相引出端 1U、1V、1W 用裸铜线短接, 以备接兆欧表"L"端；将二次（侧）绕组引出端 N、2U、2V、2W 及地（地壳）用裸铜线短接后, 接在兆欧表"E"端；必要时, 为减少表面泄漏影响测量值, 可用裸铜线在一次（侧）瓷套管的瓷裙上缠绕几匝之后, 再用绝缘导线接在兆欧表"G"端。

（2）低对高及地：低压绕组对高压绕组及外壳的绝缘电阻。摇测二次（侧）绕组对一次（侧）绕组及地（壳）的绝缘电阻的接线方法是将二次（侧）绕组引出端 2U, 2V、2W、N 用裸铜线短接。以备接兆欧表"L"端；将一次（侧）绕组三相引出端 1U、1V、1W 及地（壳）用裸铜线短接后, 接在兆欧表"E"端；必要时, 为减少表面泄漏影响测量值, 可用裸铜线在二次（侧）瓷套管的瓷裙上缠绕几匝之后，再用绝缘导线接在兆欧表"G"端。

变压器绝缘电阻合格值的标准如下。

（1）这次测得的绝缘电阻值与上次测得的数值换算到同一温度下相比较，这次数值比上次数值不得降低30%。

（2）吸收比 R_{60}/R_{15}（遥测中60s与15s时绝缘电阻的比值），在10~30℃时应为1.3以上。

（3）一次（侧）电压为10kV的变压器，其绝缘电阻的最低合格值与温度有关。变压器绝缘电阻与测试时温度的关系见表7-1。

表7-1 变压器绝缘电阻与测试时温度的关系

温度（℃）	10	20	30	40	50	60	70	80
一次（侧）对二次（侧）及地（MΩ）	450	300	200	130	90	60	40	25
二次（侧）对地（MΩ）				10				
温度（℃）	10	20	30	40	50	60	70	80
最低值（MΩ）	600	300	150	80	43	24	13	8
良好值（MΩ）	900	450	225	120	64	36	19	12

（4）新安装的和大修后的变压器，其绝缘电阻合格值应符合上述规定，运行中的变压器则不低于10MΩ。

二、变压器绝缘测量的步骤

1. 准备工作

组织准备如下。

（1）要求签发工作票。

（2）填写操作票并经模拟板试操作准确无误。

（3）确定工作负责人和监护人。

（4）如需减轻负荷，应提前通知受影响的用户。

物质准备如下。

（1）准备安全用具（绝缘杆、绝缘手套、临时接地线、绝缘靴、标示牌）。

（2）检查兆欧表（经检查良好）。

（3）其他用具及材料（临时用导线、扳子、电工工具等）。

2. 变压器状态转换

将被测变压器退出运行；并执行停电、验电、放电、装设临时接地线、挂标示牌等安全技术措施，应两人操作，操作人员应戴绝缘手套。

3. 操作步骤

（1）拆除变压器一次（侧）和二次（侧）与母线连接的导线。

（2）将高、低压瓷套管擦干净。

（3）根据摇测项目要求正确接线（兆欧表的 E、G 端）。

（4）两人操作，一人转动兆欧表手柄，另一人握住 "L" 端的测试线绝缘部分，将兆欧表转至 1 200r/mm，指针指向无穷大。

（5）将 "L" 测试线触牢变压器引出端，在 15s 时读取一数（R_{15}），在 60s 时再读一数（R_{60}），记录摇测数据。

（6）待表针基本稳定后读取数值，先撤出 "L" 测线后再停摇兆欧表。

（7）摇测前后均要用放电棒将变压器绕组对地放电（变压器属于电感性负载）。

（8）记录变压器温度。

（9）摇测另一项目。

（10）摇测工作全部结束后，拆除相间短接线，恢复原状。

4. 摇测中的安全注意事项

（1）已运行的变压器，在摇测前，必须严格执行停电、验电、接地线等规定。还要将高、低压两侧的母线或导线拆除。

（2）必须由两人或两人以上来完成上述操作。

（3）摇测前后均应将被测线圈接地放电，清除残存电荷，确保安全。

第八章　电力电缆运行检查与维护

第一节　电力电缆运行检查及维护

一、电力电缆线路优点及运行前检查

(一) 电力电缆与架空线路相比的优点

电力电缆同架空线路一样，也是输送和分配电能的。在城镇居民密集的地方，在高层建筑内及工厂厂区内部，或在其他有腐蚀性气体和易燃、易爆的场所，考虑到安全和市容美观及受地理位置的限制，不宜架设甚至有些场所规定不准架设架空线路时，就需要使用电力电缆。电力电缆与架空线路相比有以下优点。

(1) 运行可靠，不受外界影响，不会像架空线路那样，因风害、雷击、鸟害等造成断线、短路与接地等故障，机械碰撞的机会也较小。

(2) 不占地面和空间，电力电缆一般都敷设在地下，不受路面、建筑物的影响，适合城市与工厂使用。

(3) 供电安全，地下敷设，不会对人身造成各种危害。

(4) 运行维护工作量小，节省线路维护费用。

(5) 不使用电杆，节约木材、钢材、水泥，同时使市容美观整洁，交通方便。

(6) 电力电缆的充电功率为电容性功率，有助于改善线路功率因数。

电力电缆固然有以上优点，但成本高，投资费用较大；敷

设后不易变动，运行也不够灵活；发生故障后，测寻和修复都比较困难；电缆头的制作工艺比较复杂，要求也较高，所以目前只适用于特定的场所。

（二）电力电缆线路运行前检查

电力电缆除进行交接试验和预防性试验外，在施工过程中还应进行绝缘试验，以鉴别检查施工各环节电缆的质量和施工工艺的质量。敷设前应在电缆盘上进行试验以鉴别电缆好坏；敷设后进行试验，以鉴别敷设中电缆有无损坏；电缆头施工完毕后进行试验，以鉴别电缆头的质量；电缆检修前后进行试验，以鉴别检修质量。

电力电缆运行前应对整个电缆线路工程进行检查，并审查试验记录，确认工程全部竣工、符合设计要求、施工质量达到有关规定后，电缆线路才能投入试运行。电力电缆在投入运行前需要做以下检查。

（1）电缆排列应整齐，电缆的固定和弯曲半径符合设计图纸和有关规定，电缆应无机械损伤，标志牌应装设齐全、正确、清晰。油浸纸绝缘电缆及充油电缆的终端、中间接头应无渗漏油现象。

（2）充油电缆的供油系统安装应牢固，无渗漏油现象，供油、压力报警及测温系统的安装应符合设计图纸，油压整定值及电接点压力报警值应符合要求。充油电缆的油压应正常，油压报警系统应在运行状态。

（3）35kV以上交流系统中单芯电缆金属护套的链接与接地应符合设计图纸要求，质量应良好。

（4）直埋电缆的标志桩应与实际路径相符，间距符合要求。标志应清晰、牢固、耐用。

（5）电缆沟及隧道内应无杂物，电缆沟的盖板应齐全，隧道内的照明、通风、排水等设施应符合设计要求。

（6）水底电缆线路两岸、禁锚区内的标志和夜间照明装置应符合设计要求。

二、电力电缆运行中检查

为了保持电缆线路的安全、可靠运行，首先应全面了解电缆的敷设方式、结构布置、走线方向及电缆中间接头的位置等。电缆线路内部故障虽不能通过巡视直接发现，但对电缆敷设环境条件的巡视、检查、分析，仍能发现缺陷和其他影响安全运行的因素。因此加强巡视检查对电缆安全运行有着重要意义。

（一）电缆线路巡视检查的周期

（1）敷设在土中、隧道中以及沿桥梁架设的电缆，每3个月至少巡视检查1次。根据季节及电缆实际运行状况，应增加巡查次数。

（2）电缆竖井内的电缆，每半年至少巡查1次。

（3）水底电缆线路，由现场根据具体需要规定，如水底电缆直接敷于河床上，可每年检查一次水底电缆线路情况，在有潜水的条件下，应派遣潜水员检查电缆情况，当无潜水的条件时，可测量河床的变化情况。

（4）发电厂、变电所的电缆沟、隧道、电缆井、电缆架及电缆线路段等的巡查，至少每3个月1次。

（5）对挖掘暴露的电缆，按工程情况，酌情加强巡视。

（6）电缆终端头应根据现场运行情况，每1~3年停电检查一次，污秽地区的电缆终端头的巡视与清扫的期限，可根据当地的污秽程度予以决定。

（二）电力电缆定期巡视检查的内容

（1）对敷设在地下的每一电缆线路，应查看路面是否正常，有无挖掘痕迹及路线标桩是否完整无缺等。

（2）电缆线路上不应堆置瓦砾、矿渣、建筑材料、粗笨物件、酸碱性排泄物或堆放石灰等。

（3）对于通过桥梁的电缆，应检查桥墩两端的电缆是否拖拉过紧，保护管或槽有无脱开或锈烂现象。

（4）对于备用排管应该用专用工具疏通，检查其有无断裂现象。

（5）人井内电缆铅包在排管口及挂钩处，不应有磨损现象，需检查衬铅是否失落。

（6）对户外与架空线路连接的电缆和终端头应检查终端头是否完整，引出线的接点有无发热现象和电缆铅包有无龟裂漏油，靠近地面一段电缆是否被车辆撞碰等。

（7）多根并列电缆要检查电流分配和电缆外皮的温度，防止因接点不良而引起电缆过载或烧坏接点。

（8）隧道内的电缆要检查电缆位置是否正常，接头有无变形漏油，温度是否异常，构件是否失落，通风、排水、照明等设施是否完整。

（9）充油电缆线路不论其投入运行与否，都要检查油压是否正常。油压系统的压力箱、管道、阀门、压力表是否完善，并留意与构架绝缘部分的零件，有无放电现象。

（10）应经常检查邻近河岸两侧的水底电缆是否有受潮水冲洗现象，电缆盖板有否露出水面或移位。同时检查河岸的警告牌是否完好。

（11）查看电缆是否过载，电缆线路原则上不应过载运行。

（12）敷设在房屋内、隧道内和不填土的电缆沟内的电缆，要特别检查防火设施是否完善。

（三）电缆线路日常巡视检查内容

（1）观察电缆线路的电流表，看实际电流是否超出了电缆线路的额定载流量。

（2）电缆终端头的连接点有无过热变色。

（3）油浸纸绝缘电力电缆及终端头有无渗、漏油现象。

（4）并联使用的电缆有无因负荷分配不均而导致某根电缆过热。

（5）有无打火、放电声响及异常气味。

（6）终端接地线有无异常。

（四）电缆线路运行注意事项

（1）电缆线路不要长时间过负荷运行，因此，要监测电缆负荷电流及外皮温度、接头温度。

（2）电缆线路不应投入重合闸，因电缆线路的故障多为永久性故障，若重合闸动作，则必然会扩大事故，威胁电网的稳定运行。

（3）电缆线路跳闸后，应对电缆进行检查。重点检查电缆敷设路径有无挖掘、电缆有无损伤，必要时应通过试验进一步检查判断。

（4）直埋电缆路径附近地面不能随便挖掘；电缆路径附近地面不准堆放重物、腐蚀性物质、临时建筑垃圾；电缆路径标志桩和保护设施不能随便移动、拆除。

（5）电缆线路停用后再恢复运行时，必须重新试验才能投入运行。停电超过 7 天但不满 30 天的电缆，重新投入运行前，应摇测绝缘电阻，与上次试验记录相比不得降低 30%，否则应做耐压试验；停电超过 30 天但不满一年的，则必须做耐压试验，试验电压可为预防性试验电压的一半；停电时间超过试验周期的，必须做预防性试验。

三、电缆线路运行监视及维护

（一）电缆线路运行监视

电缆线路运行维护着重要做好负荷监视、温度监视、电缆金属套腐蚀监视和绝缘监督四个方面工作，保持电缆线路始终处在良好的状态，以防止电缆事故突发。

（1）负荷监视。一般电缆线路根据电缆导体的截面积、绝缘种类等规定了最大电流值，利用各种仪表测量电缆线路的负荷电流或电缆的外皮温度等，作为主要负荷监视措施，防止电缆绝缘超过允许最高温度而缩短电缆寿命。

（2）温度监视。测量电缆的温度，应在夏季或电缆最大负荷时进行。测量直埋电缆温度时，应测量同地段无其他热源的土壤温度。电缆同地下热力管交叉或接近敷设时，电缆周围的土壤温度，在任何情况下不应超过本地段其他地方同样深度的土壤温度10℃以上。检查电缆温度时，应选择电缆排列最密处或散热最差处或有外面热源影响处。

（3）腐蚀监视。采用专用仪表测量邻近电缆线路周围的土壤，如果属于阳极区，则应采取相应措施，以防止电缆金属外护套电解腐蚀。电缆线路周围润湿的土壤或以生活垃圾填覆的土壤，电缆金属外护套常发生化学腐蚀和微生物腐蚀，根据测得阳极区的电压值，选择合适的阴极保护措施或排流装置。

（4）绝缘监督。对每条电缆线路按其重要性，编制预防性试验计划，及时发现电缆线路中的薄弱环节，消除可能引发电缆事故的缺陷。金属套对地有绝缘要求的电缆线路，一般在预防性试验后还需对外护层分别作直流电压试验，以及时发现和消除外护层的缺陷。

（二）电缆线路及终端头的维护

1. 户内电缆终端头的维护

户内电缆终端头的结构比较简单，运行条件也较好，一般的维护工作如下。

（1）清扫终端头，检查有无电晕放电痕迹及漏油现象。对漏油的终端头应找出原因，采取相应措施，消除漏油现象。

（2）检查终端头引出线接触是否良好。

（3）核对线路名称及相位颜色。

（4）检查支架及电缆铠装，涂刷油漆以防腐蚀。

（5）检查接地情况是否符合要求。

2. 户外电缆终端头的维护

户外电缆终端头的结构比较复杂，运行条件较差，一般维护工作如下。

（1）清扫终端头及瓷套管，检查盒体及瓷套管有无裂纹，瓷套管表面有无放电痕迹。

（2）检查终端头引出线接触是否良好，特别是铜、铝接头有无腐蚀现象。

（3）核对线路名称及相位颜色。

（4）检查保护管及支架是否锈蚀，更换锈烂支架，并对保护管及支架进行防腐处理。

（5）检查铅包龟裂和铝包腐蚀情况。

（6）检查接地情况是否符合要求。

（7）检查终端头有无漏胶、漏油现象，盒内绝缘胶（油）有无水分。绝缘胶（油）不满者应用同样的绝缘胶（油）予以补充。

3. 隧道、电缆沟、人井、排管的维护

（1）检查门锁是否开闭正常，门缝是否严密，各进出口、通风口、防小动物进入的设施是否齐全，出进通道是否畅通。

（2）检查隧道、人井内有无渗水、积水。有积水要排除，并将渗漏处修复。

（3）检查隧道、人井电缆在支架上有无撞伤或蛇行擦伤，支架有否脱落现象。

（4）检查隧道、人井内电缆及接头情况，应特别留意电缆和接头有无漏油，接地是否良好。必要时应测量接地电阻和电缆的电位，防止电蚀。

（5）清扫电缆沟和隧道，抽除井内积水，清除污泥。

（6）检查人井井盖和井内通风情况，井体有无沉降和裂缝。

（7）检查隧道内防水设备、通风设备是否完善正常，并记录室温。

（8）检查电缆隧道照明。

（9）疏通备用电缆排管，核对线路名称。

4. 户外电缆线路维护

为防止在电缆线路上面挖掘损伤电缆，挖掘时必须有电缆专业职员在现场守护，并告知施工人员有关施工的注意事项。特别是在揭开电缆保护板后，不应再用镐、钢钎等工具，应使用较钝的工具将表面土层轻轻挖去。用铲车挖土时更应随时提醒驾驶员留意，以防损伤电缆。

在电缆线路维护过程中，若发现电缆线路发生故障（包括作电缆预防性试验时击穿的故障）后，必须立即进行维护工作，以免水分大量浸入，扩大损坏的范围。处理步骤主要包括故障测寻、故障情况的检查及原因分析、故障的处理和故障处理后的试验等。消除故障务必做到彻底，电缆受潮气浸入的部分应予以割除，绝缘有炭化现象则应全部更换。否则，修复后虽可投运使用，但运行几天后故障又会重现。

第二节　电力电缆终端头及中间头制作

10kV 交联电缆热缩终端头制作工艺流程如图 8-1 所示。

一、固定电缆末端

先将电缆末端校直，并将其固定在电缆支架上。对户外终

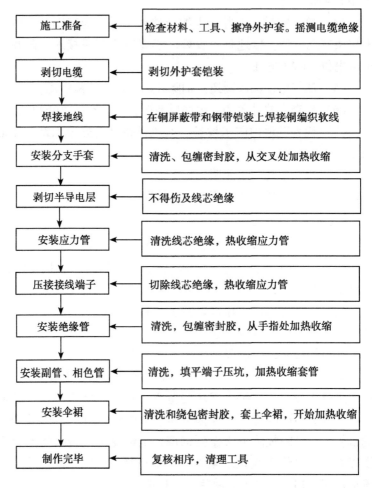

图 8-1　10kV 交联电缆热缩终端头制作工艺流程

端由末端量取 750mm（户内终端量取 550mm），在量取处刻一环形刀痕。

二、剥切电缆

（1）顺电缆方向破开塑料护层，然后向两侧分开剥除。

（2）在护层口处向上略低于 30mm 处用铜线绑扎铠装层，作临时绑扎，并锯开钢带（锯口要整齐）。

（3）在钢带断口处保留内衬层 20mm，其余剥去。

（4）摘去填充物，分开线芯。

三、焊接地线

（1）预先将编织软铜带一端拆开均分 3 份，重新编织后分别包绕各相屏蔽层并绑牢后，焊接在铜带上。将另一编织线用扎线绑牢后和钢铠焊牢。

（2）将编织铜带与电缆护套间的一段，按设计尺寸用锡填满编织线与电缆护套间空隙，形成长 15~20mm 防潮段。

四、安装分支指套

（1）在三相分叉处和根部包绕填充胶使其外观平整，略呈苹果形，最大直径大于电缆外径约 15mm。

（2）清洁电缆护套（安装分支指套处）。

（3）套进分支指套，使其与芯线根部尽量靠紧，然后用慢火环形由指套根部往两端先向下后向上加热收缩固定，待完全收缩后，端部应有少量胶液挤出。

五、剥切分相屏蔽及半导电层

（1）由分支手套指端向上 55mm 铜屏蔽层处，用铜丝绑扎，割断屏蔽带，断口要整齐。

（2）剥除外半导电层，保留距铜屏蔽开口 20mm 外半导电层，剥切要干净，但不能伤及线芯绝缘。对于残留的外半导电层可用清洗剂擦净或用细砂布打磨干净。

六、安装应力控制管

（1）清洁绝缘屏蔽和铜带屏蔽表面，清洁线芯绝缘表面，确保绝缘表面无炭迹，套入应力管，应力管下部与铜屏蔽搭接在 20mm 以上。

（2）用微火自上而下环绕给应力管加热，使其收缩。

七、压接接线端子

（1）确定引线长度 E（E＝接线端子孔深+5mm），剥除主绝缘，剥切端部应削成"铅笔头"状。

（2）压接接线端子，用砂布或木锉将其不平处锉平。

（3）清洁表面，用填充胶填充绝缘和端子之间以及压坑，填充胶带与线芯绝缘和接线端子均搭接 5～10mm，使其平滑过渡。

八、安装绝缘管

（1）清洁线芯绝缘表面、应力管及分支手套表面。

（2）将绝缘管套至三叉根部，管上端应超填充胶 10mm 以上，由根部往上加热收缩并将端子多余的绝缘管在加热后割除。

九、安装伞裙

（1）清洁绝缘表面，套入三孔伞裙，位置如图 8-2 所示，定位后加热收缩。

（2）按图 8-2 中尺寸安装单孔伞裙，将其端正后加热收缩，再进行副管及相色管的安装。

十、安装副管及相色管

将副管套在端子接管部位，先预热端子，由上端起加热收缩。然后套入相色管在端子接管或再往下一点加热收缩。至此户内电缆头安装完毕。

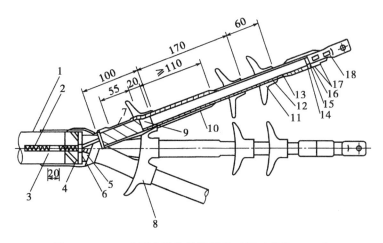

图 8-2　10kV 交联电缆热缩终端头（尺寸单位：mm）

1. 塑料外护套；2. 接地线；3. 防潮带；4. 铜扎线、钢铠、填充胶、三指
手套；5. 内护套；6. 焊点；7. 铜屏蔽层；8. 三孔伞裙；9. 半导电层；10. 应
力管；11. 单孔伞裙；12. 绝缘管；13. 线芯绝缘；14. 导体；15. 相色管；
16. 副管；17. 填充胶；18. 接线端子

第九章　电动机运行检查与维护操作

第一节　电动机启动及运行检查

一、电动机启动条件及注意事项

三相异步笼电动机有直接启动和降压启动两种方式。在降压启动方式中又有星-三角形启动、自耦降压启动、延边三角形启动、电子软启动、变频启动等。电动机应根据与变压器的容量比的不同而采用不同的启动方法。

1. 电动机直接启动的缺点

（1）电动机直接启动时的启动电流可达 5~7 倍电动机的额定电流，造成电动机绕组因过流引起过温，从而加速绝缘老化。

（2）造成供电网络电压降过大。当电压小于或等于 $0.85U_e$ 时，影响其他设备的正常使用，用电设备的欠压保护要动作。

（3）电动机启动时造成能量损失过大，浪费电能，尤其当频繁起停时。

（4）对被拖动设备造成大的冲击力、缩短被拖动设备的使用寿命，影响被拖动设备生产工艺的精确度。

（5）造成机械传动部件的非正常磨损及冲击，加速老化，缩短寿命。

2. 电动机允许全压启动的条件

（1）电动机自身允许全压启动。

（2）机械设备是否允许电动机直接启动，生产机械能承受全压启动时的冲击转矩，启动力矩应大于传动机械所要求的力矩。

（3）允许直接启动的电动机容量应小于 20%~30% 主变压器的容量。

（4）启动过程中电压降 AU 应小于 15%U_e。

（5）应保证电动机和启动设备的动稳定和热稳定要求，即应符合制造厂规定的启动条件。

3. 电动机启动时应注意的事项

（1）合闸启动前，应检查电动机及拖动机械上或附近是否有异物，以免发生人身及设备事故。

（2）操作人员要熟悉操作规程，在电动机接通电源后，发现电动机不转、转速太慢、声音不正常、振动过大或被卡塞，打火、冒烟以及有焦煳味，应立即切断电源，待故障处理后才能进行再次启动；对投运的异步电动机应进行试启动，察看其转动方向是否正确。

（3）启动多台电动机时，应按容量从大到小一台一台启动，不能同时启动，以免启动电流过大，电压下降太多，影响其他电动机的正常运行，甚至使断路器跳闸。

（4）笼型异步电动机若需要星–三角形启动或自耦减压启动，若是手动延时控制的启动设备，应注意启动操作顺序和控制好延时长短。对于绕线型电动机的启动，更应注意启动操作程序和观察启动过程是否正常。否则，两种电动机都达不到降压启动的目的。

（5）电动机应避免频繁启动或尽量减少启动次数，防止因启动频繁而使电动机发热，影响电动机的使用寿命。对于小型电动机，在冷态时不得超过 3~5 次，在长期工作后的热态下，停机不久再启动时，连续启动不得超过 2~3 次。对于中型电动机，在冷态时连续启动不应超过 2 次，热态下只允许启动 1 次，以免电动机过热影响使用寿命。对启动时间不超过 2~3s 的电动机，可多启动 1 次。

（6）绕线式异步电动机启动完毕后，应将启动电阻放在启动位置。

二、电动机启动前及运行中检查

（一）电动机启动前检查

（1）新安装或停用 3 个月以上的电动机在启动前应检查绝缘电阻，通常对 500V 以下的电动机用 500V 绝缘电阻表；对 500~1 000V 的电动机用 1 000V 绝缘电阻表；对 1 000V 以上的电动机用 2 500V 绝缘电阻表。绝缘电阻为每千伏工作电压不得小于 1MΩ，并应在电动机冷却状态下测量。

（2）检查电动机的外表有无裂纹，电动机固定情况是否良好。各紧固螺钉及零件是否齐全，轴承是否缺油，电动机的接线是否符合要求，外壳是否可靠接地或接零。

（3）检查联轴器的螺钉和销钉是否紧固，皮带连接处是否良好，松紧是否合适，机组转动是否灵活，有无卡位、窜动和不正常的声音等。

（4）检查启动设备接线是否正确，启动装置是否灵活，触点接触是否良好，启动设备的金属外壳是否可靠接地或接零。

（5）对绕组转子电动机，应检查集电环和电刷，提升机构和电刷压力应正常。

（6）检查三相电源电压是否正常，电压是否过高、过低或三相电压不对称。

（7）检查电动机的保护、控制、测量、信号、励磁等回路是否正常。

（二）电动机运行中的监测

（1）监测温度。电动机正常运行时会发热，温度将升高。如果温升超出允许限度，就可能导致绕组过热而烧毁。运行过程中用温度计测量机壳的温升，一般不超过75℃。

a. 手触摸法。这种检查必须用验电笔查明电动机无漏电后方可进行，用手背接触电动机外壳，没有烫手感觉，说明温度正常；如果有明显的烫手感觉，则说明电动机过热。

b. 水试验法。在电动机外壳上滴二三滴水，如果只冒热气没有声音，说明电动机没有过热；如果水滴急剧汽化，同时伴有"咝咝"声，说明电动机过热。

（2）监测电源电压。电源电压过高或过低及三相电压不平衡，都会给电动机的运行带来不良后果。电动机在运行过程中，电源频率与额定频率偏差不得超过1%；电源电压与额定电压偏差不超过±5%。

三相电源电压之间的差值过大（超过5%），会造成三相电流的不平衡。线路中有短路、接地、接触不良等故障，也会引起电动机的三相电压不平衡。另外，三相电动机缺相运行将会造成三相电压最大的不平衡，它是造成电动机绕组烧毁最常见的原因，应重点监测。

（3）监测负载电流。电动机负载电流增大温度将上升，正常运行时的负载电流不允许超过额定电流的10%。在监测负载电流是否增大的同时，还应监测三相电流的平衡情况。正常运行时各相电流的不平衡度应不超过10%。若相差悬殊，定子绕组可能有短路、断路、接反等故障或电动机缺相运行。

（4）监测轴承。电动机运行中轴承的温度不得超过允许值，轴承外盖边缘处不能有漏油现象，引起电动机轴承过热的原因很多，例如，滚珠轴承状态恶化，轴承盖和轴相擦，润滑油过多或过少，传动皮带过紧或电动机的轴与被驱动机械的轴同心度误差过大等。电动机轴承的最高允许温度，应遵守制造厂的规定。无制造厂的规定时，可按照如下标准。

a. 滑动轴承不得超过80℃。

b. 滚动轴承不得超过 100℃。

（5）监测振动、声音和气味。电动机正常运行时，应当没有什么不正常的振动、声音和气味。较大的电动机也只有均匀的"哼哼"声和风扇的呼啸声。电气方面的故障也会造成电动机的振动和不正常的噪声。如电流过大、三相电流显著不平衡，特别是三相电动机缺相运行时，电动机会有吼声。转子有断条、负载电流不稳定，会发出时高时低的"嗡嗡"声，机身也会发生振动。电动机绕组温度过高时，会散发出较强的绝缘漆气味或绝缘材料的烧焦味，严重时会冒烟。

（三）电动机停机处理

当电动机运行过程中发现以下情况时，应立即停机处理。

（1）发生人身触电事故。

（2）电动机或启动装置上冒烟起火。

（3）电动机剧烈振动。

（4）轴承剧烈发热。

（5）电动机发生窜轴、扫膛、转速突然下降、温度迅速上升。

（四）电动机定期检查

对于一般工作环境中使用的电动机，每年定期检查应不少于1次；对于工作环境灰尘多、潮湿、经常使用的电动机，每年应进行 2~3 次定期检查。检查的内容主要如下。

（1）清除电动机的灰尘、积垢，检查外壳有无裂纹、破损；测量绝缘电阻是否正常。

（2）检查接线盒内螺栓有无松动、烧损，接头有无损坏，引线有无断裂。

（3）检查主轴转动是否灵活，转子与定子之间有无碰擦。

（4）拆下轴承外盖，检查润滑脂是否不足或脏污。一般电动机轴承内的润滑脂，半年更换一次。检查轴承磨损情况，有无杂声。

（5）检查电动机接地装置是否完好。

（6）检查各固定部分螺钉是否紧固。

第二节　电动机维护操作

电动机定子绕组绝缘电阻检测

测量电动机的绝缘电阻是检查电动机绝缘状态最简便和最基本的方法，在现场普遍用兆欧表测量绝缘电阻。绝缘电阻值的大小常能灵敏地反应电动机绝缘情况，能有效地发现电动机局部或整体受潮和脏污，以及绝缘击穿和严重过热老化等缺陷。用兆欧表测量电动机的绝缘电阻，由于受介质吸收电流的影响，兆欧表指示值随时间逐步增大，通常读取施加电压后60s的数值或稳定值，作为工程上的绝缘电阻值。

电动机的绝缘电阻分为电动机绕组对机壳和绕组相互间的绝缘电阻，电动机各相绕组的始末端均引出机壳外，应断开各相之间的连接线，分别测量每相绕组对机壳的绝缘电阻，即绕组对地的绝缘电阻；然后测量各相绕组之间的绝缘电阻，即相间绝缘电阻。

（一）电动机测量绝缘电阻条件

遇到下列情况，应对电动机进行绝缘电阻测量。

（1）新投运的电动机，在送电前必须测量绝缘电阻。

（2）电动机检修后，送电前必须测量绝缘电阻。

（3）电动机在运行中保护跳闸、熔断器两相熔断时，必须测量绝缘电阻。

（4）电动机冒烟着火和有严重焦臭味时，已停止运行，必须测量绝缘电阻。

（5）备用时间超过 15 天的电动机，启动前必须测量绝缘电阻。

（6）电动机浇水、结露、进汽、受潮时，干燥后必须测量绝缘电阻。

（7）停电时间达到 7 天以上的电动机，送电前必须测量绝缘电阻。

（8）处于备用状态的电动机，必须定期测量绝缘电阻，每月至少测量 2 次。

（二）电动机绝缘电阻测量步骤

电动机测量绝缘项目可分为测相对地绝缘和测相间绝缘。

1. 测相对地绝缘

（1）将电动机退出运行（大型电动机在退出运行后要先放电）。

（2）验明无电后拆去原电源线。

（3）把兆欧表放平，先不接线，摇动兆欧表。表针应指向∞处，再将表上有"L"（线路）和"E"（接地）的两接线柱用带线的试夹短接，慢慢摇动手柄，表针应指向"0"处。将兆欧表的"E"端测试线接到电动机外壳（如端子盒的螺孔处），将兆欧表的"L"端测试线接到电动机绕组任一端（接线端上原有连接片不拆）。

（4）摇动摇把达到 1 200r/min，到一分钟时读取数值（必要时应记录绝缘电阻值及电动机温度）。

（5）撤除"L"端接线，后停止摇动摇表，并放电。

2. 测相间绝缘

（1）对地绝缘测试后放电。

（2）拆去电动机接线端上原有连接片。

（3）将兆欧表的"E"端和"L"端测试线各接一相绕组。

（4）摇动摇把到 1 200r/min，一分钟时读取数值（必要时应记录绝缘电阻值及电动机的温度）。

（5）撤除"L"端接线，后停止摇动摇表，并放电。

（6）测另两个绕组间的绝缘……共 3 次（每次测后均应放电）。

主要参考文献

付志勇，房永亮 . 2019. 维修电工实践教程［M］. 北京：中国电力出版社 .

韩雪涛 . 2018. 电工一本通［M］. 北京：人民邮电出版社 .

韩雪涛 . 2019. 图解电工快速入门［M］. 北京：机械工业出版社 .

王亚敏 . 2019. 电工基础［M］. 北京：机械工业出版社 .